电子电气基础课程系列教材

数字电路与系统实验指导

李　宏　邬杨波　主编

U0294152

电子工业出版社

Publishing House of Electronics Industry

北京·BEIJING

内 容 简 介

本书内容包括数字电路与系统实验基础、Quartus II 软件使用介绍、DSE-V 数字电路与系统实验平台介绍、数字电路实验、数字系统实验、Verilog HDL 基本语法、常用数字集成电路型号、功能表介绍等。介绍了实验室的安全操作规程、实验方法、实验测试手段、常见故障的诊断与排除。实验从培养学生的动手能力和工程设计能力出发，由浅入深地介绍了数字电路与系统的工程设计技术和仿真调试方法，重在提高学生工程实践能力和创新意识。

本书可作为电子电气、通信、自动化、计算机等专业的数字电子技术和数字系统设计实验课程的指导书和教学参考书。

图书在版编目（CIP）数据

数字电路与系统实验指导 / 李宏，邬杨波主编. —北京：电子工业出版社，2021.6

ISBN 978-7-121-41101-4

Ⅰ. ①数…　Ⅱ. ①李…　②邬…　Ⅲ. ①数字电路－系统设计－实验－高等学校－教材　Ⅳ. ①TN79-33

中国版本图书馆 CIP 数据核字（2021）第 080039 号

责任编辑：竺南直　　　特约编辑：郭　莉

印　　刷：北京天宇星印刷厂

装　　订：北京天宇星印刷厂

出版发行：电子工业出版社

　　　　　北京市海淀区万寿路 173 信箱　邮编　100036

开　　本：787×1 092　1/16　印张：9.75　字数：249.6 千字

版　　次：2021 年 6 月第 1 版

印　　次：2024 年 12 月第 3 次印刷

定　　价：35.00 元

前　　言

随着数字电子技术的迅猛发展，EDA 软件已成为主流设计工具，FPGA 被广泛应用并成为高速通信、大数据处理等领域不可或缺的核心器件。为了培养高素质的专业技术人才，在实践性教学环节中增加相应的实验内容是非常有必要的。如何在实践教学过程中培养学生的动手能力、实验技能、分析问题和解决问题的能力、创新思维和理论联系实际的能力一直是高等院校着力探索与实践的重要课题。

本书是为高等院校自控类、电子信息类、通信类和其他相近专业编写的实验教材。

本书内容包括数字电路与系统实验基础、Quartus II 软件使用介绍、DSE-V 数字电路与系统实验平台介绍、数字电路实验、数字系统实验、Verilog HDL 基本语法、常用数字集成电路介绍等。

本书从培养学生的动手能力和工程设计能力出发，由浅入深地介绍了数字电路与系统的工程设计技术和仿真调试方法，着重提高学生工程实践能力和创新意识；在传统中小规模数字集成电路实验的基础上，更多的是基于 FPGA 的设计型、综合性实验内容，强调EDA 工具的使用，将仿真验证有机地结合到实验中，使学生学会数字电路与系统的基本设计方法，提高工程实践能力和创新意识。

此外，本书的内容还涵盖了实验室的安全操作规程、实验方法、常见故障的诊断与排除。

目　　录

第1章　数字电路与系统实验基础

可编程逻辑器件（PLD）和电子设计自动化（EDA）技术的发展非常迅速。本章首先介绍数字电路实验的基本守则和基本方法，而后对数字集成电路做简单的介绍，最后对可编程逻辑器件的发展历程及结构特点进行介绍，分析从简单 PLD 到 FPGA 的结构特点，使读者对可编程逻辑器件的原理、特点、结构、功能及 EDA 开发应用有一个总体概念。

1.1　实验规则与实验方法

数字电子技术是一门理论性和实践性很强的课程。学生在学好基本理论的基础上，还必须经过实践环节的严格训练，才能更好地掌握课程内容。实验是数字电子技术课程中最重要的实践环节之一，对培养学生理论联系实际的学风、严肃认真和实事求是的科学态度、分析问题和解决问题的能力及创新思维都起着重要作用。

实验中操作方法与操作程序的正确与否对实验的安全性和实验结果正确性影响甚大。因此，实验者必须按照一定的要求与规范进行实验。

1.1.1　实验守则

1．实验前

（1）必须做好充分预习，完成要求的预习任务，做到思路清晰、实验任务明确。无实验预习报告者不得做实验。

（2）在实验室要遵守纪律，不迟到、不喧哗，保持室内安静及室内卫生。

（3）因病或其他原因不能按时参加实验者，必须事先与实验课指导教师联系请假，并在指定时间补做实验。

（4）实验开始前，不得乱动实验桌上的仪器。

2．实验中

（1）不做与实验无关的事情，不动与本次实验无关的仪器设备。

（2）搭接实验电路前，应对所用集成电路进行功能测试。使用仪器前，必须了解其性能、使用方法和注意事项，并对其进行必要的检查校准。

（3）认真按照预习时设计的原理图、接线图或 HDL 代码进行实验电路的连接、输入、仿真、测试，电路连接经过检查无误后，才能接通电源。

（4）搭接电路时，应遵循正确的布线原则，实验中接线、拆线时，应先关闭电源。严禁带电插拔器件。

（5）接通电源后，应首先观察有无破坏性异常现象（如仪器设备、元器件冒烟、发烫、有异味、实验装置报警等）。如有，应立即关断电源，保护现场并报告指导教师，只有在查明原因、排除故障后，方可继续做实验。

（6）实验中也要眼观全局，多注意观察，如发现事故或异常情况等应立即关断电源，分析原因，并向指导教师报告。

（7）实验时应仔细地观察实验现象，完整准确地记录实验结果、数据、波形，并分析其正确与否，然后提交老师检查。

（8）掌握科学的调试方法，有效地分析并排除故障，确保电路工作正常。

（9）测试时，手不得接触测试笔或探头的金属部位，以免造成干扰。

（10）使用数字电路与系统实验平台前要仔细阅读相关说明，选择正确的工作模式。

（11）如出现无法将编译的工程下载到 FPGA 的情况时，应检查下载线是否连接正确、接触是否良好，下载器驱动是否正确安装等。

（12）在实现设计要求的基础上，简化设计来减少 FPGA 中资源的使用，避免因为设计过于复杂而超出 FPGA 的资源无法实现设计。

（13）完成实验后，经指导老师检查并登记后方可结束实验。

3．实验后

（1）实验完成后，先关掉仪器设备开关，再关掉实验供电电源，最后拆掉实验连线。

（2）将仪器设备复位，保存好数据关闭计算机，按规定整理好导线、工具等并将实验桌及周边清理干净、摆放整洁，经实验指导教师同意后，方可离开实验室。

（3）实验课后，按照实验指导书和指导教师的要求，做好实验报告，并按时上交。在实验报告中，还要认真分析实验中发生故障的原因，并说明故障排除的方法。

1.1.2 实验基本流程

要顺利进行数字电路实验，获得正确的实验结果，同学们必须拥有严肃认真的态度并遵循一定的实验步骤。实验中需要同学们自主选定设计方案和实验电路，拟定实验步骤，进行连接、测试和调试，最后撰写实验报告。

数字电路实验的基本步骤一般是：实验预习→实验过程→实验报告撰写。

1．实验预习

预习是进行知识准备的环节，预习的好坏直接关系到实验能否顺利进行、实验结果是否正确有效，所以这是做好实验的关键步骤。预习的主要内容包括：

（1）认真阅读理论教材和实验教材，深入了解实验目的，结合实验教材中给出的实验内容，复习与内容相关的基本原理。

（2）根据实验原理设计出实验电路的逻辑图，较复杂的电路可以先设计出系统框图再细化。参考教材中给出的实验器材和注意事项，有助于更快更好地完成设计。

（3）对设计的电路进行逻辑分析、仿真得到输出结果、输出波形，确定其是否符合实验要求，同时便于与实验结果比较。

（4）根据最终的逻辑图，确定实验所需的元器件。在逻辑图上标出器件型号、使用的引脚号及元件数值，必要时还需用文字说明。

（5）按照实验内容的要求拟定实验方法和具体步骤，拟好实验数据记录表和波形坐标。实验数据记录表应能体现实验结果的正确与否。

（6）确定需使用的仪器设备并了解掌握有关仪器的主要性能和使用方法，对如何着手做实验心中有数、目的明确。

预习报告不同于正式实验报告、没有统一的要求，但对实验的组织实施却有着特殊的作用，是实验操作的主要依据。一般应以能看懂为基准，尽量写得简洁、思路清楚、一目了然，以便于实验者自己参照执行和指导教师审阅。

预习报告应包括实验内容、实验方法步骤、所用仪器设备、实验结果及实验数据记录表等内容。其中实验内容为：

实验内容以设计过程、逻辑图、流程图和 HDL 代码为主，辅以简要的文字说明。在电路图上应标注集成电路型号，为了便于实验连接和实验电路的检查，电路图上最好标明集成电路管脚号。如图 1.1.1 所示是由四 2 输入与非门（74LS00）构成的某实验电路，图中给出了不同的电路画法，供参考。

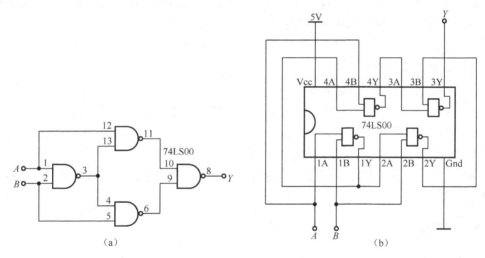

图 1.1.1　某实验电路逻辑图

设计过程描述应简洁明了。逻辑关系用真值表、状态表、状态转换图等表示，经化简、变换得到最终的逻辑函数表达式，最后画出逻辑图或写出 HDL 代码。必要时还应附有集成电路的功能表。

2．实验过程

实验项目的设计、实验操作、错误查找与纠正、实验数据记录等是实验成败的关键，所以实验过程要严谨，记录必须清楚、合理、正确。

（1）实验操作之前要认真听取实验指导教师的实验讲解，尤其要注意指导教师提出的实验操作要点和注意事项，以防损坏设备或发生人身安全事故。

（2）按预习时确定的逻辑电路进行实验，对实验用到的连接线、元器件进行测试检查。

（3）按实验操作规范和准备的接线图连接电路，正确使用相关设备。连接完毕后检查其与接线图是否完全一致，不清楚的应向指导教师虚心请教。

（4）接通电路的电源，粗测电路是否正常，排除出现的故障。

（5）逐步测量并记录电路相关数据和波形，并记录实验中出现的现象，作为原始的实验数据，从记录的数据中判断实验电路的正确性。如果测试的数据和理论不符，应该查找问题修正错误重新测量直到实验结果正确。

（6）记录波形时，应注意输入、输出波形的时间对应关系；还应记录实验中实际使用的仪器型号。

（7）复杂设计可以先模块调试，然后再级联起来做系统测试。

3．实验报告撰写

实验报告是对实验工作的全面总结，撰写实验报告是一项重要的基础训练。撰写实验报告主要是总结归纳、分析实验结果，用简明的形式将整个实验完整真实地表达出来。实验报告要求文理通顺，简明扼要，字迹工整，图表清晰，结论正确，分析合理，讨论深入。每个学生都应按时独立完成这项工作。

实验报告一般都有一定的规范和要求，采用统一规定的格式。实验报告除按规定格式填好各栏内容外，还应包括如下几项：

（1）实验目的；

（2）实验内容和方法步骤；

（3）实验项目设计与实验电路；

（4）对实验原始数据、波形与现象进行加工整理，制成表格、绘成曲线或波形图；

（5）对实验结果进行分析，找出误差原因和改善措施，给出结论，写出实验体会，一般应对重要的实验现象、结论加以讨论，以便于进一步加深理解。

（6）实验中如发生故障，则应在实验报告中写明故障现象，分析故障原因，说明排除故障的方法。

1.1.3 故障分析

实验中，当一个组合电路不按其真值表工作时，说明该电路存在故障；当一个时序电路不按其状态转换图工作时，说明该时序电路存在故障。总之，数字电路在给定的输入序列下，如果不能按逻辑要求产生相应的输出，就称该电路有故障。

电路故障可分为静态故障和动态故障两类。静态故障的特点是在某个给定的输入条件下（或在某个状态期间），错误输出是恒定的。如输入或输出接到固定电平上、导线开路、器件插错、电源故障等。一般来说，这类故障较容易排除。动态故障是在很短的时间内出现的错误。如竞争现象、串入信号干扰、电源杂波干扰、接触不良、设计过失等。虽然动态故障仅仅持续很短的时间，但它能长时期存在并且造成非常严重的后果。例如，一个瞬间错误脉冲可使计数器进行一次不正确的计数，造成永久错误。这类故障的查找相对比较困难，一般需要用数字存储示波器、逻辑分析仪或其他专门仪器。

在诸多故障中，最常见的主要是设计不合理，元器件功能不正常，接线问题（断线、接错、接触不良）等。尤其以接线问题引起的故障为最多，在实验中可占70%以上，必须引起实验者的高度重视和认真对待，注意布线的合理性和科学性。

1．正确的布线方法

（1）确认元器件型号及管脚排列，正确使用。

（2）使用不同颜色的导线，以区别电源线、地线、信号线等。

（3）按信号流向顺序依次布线，以免漏接。

（4）布线时应尽量避免导线互相重叠；不要覆盖插孔；不要跨越元器件上空交错成网；长短适宜；所有连线尽量清晰整齐。

2．故障检查分析

（1）一般检查。

检查所有连线是否误接、漏接；检查是否连接电源、地线，输入信号是否接入，输出是否有变化；观察输出是否符合设计要求。

（2）用逻辑笔检查

逻辑笔（数字电路实验平台内置）也称为逻辑探针，它是目前在数字电路测试中使用最为广泛的一种工具，虽然它不能处理像逻辑分析仪所能做的那种复杂工作，但对检测数字电路中各点电平是十分有效的。对于大部分数字电路中的故障，这种逻辑笔可以很快地将故障查找出来。将逻辑笔的探头放在被测点上（如芯片的引脚、电路的某一点），逻辑笔上的指示灯会将此点的逻辑状态指示出来（逻辑高电位、逻辑低电位、脉冲信号或高阻抗状态）。逻辑笔可以提供以下几种逻辑状态指示：

① 绿色发光二极管亮时，表示高电平（逻辑 1）；

② 红色发光二极管亮时，表示低电平（逻辑 0)；

③ 黄色发光二极管亮时，表示中等电平；

④ 蓝色发光二极管亮时，高阻抗状态；

⑤ 红、绿发光二极管同时亮（或闪烁），表示有脉冲信号存在。

用逻辑笔检查故障电路可以从输出端到输入端反方向逐级跟踪查寻。这种方法对于查寻静态故障非常有效。首先置电路于初始状态，用手动单脉冲作为输入信号（组合逻辑电路直接给不同的输入组合），观察电路的工作情况。如不正常，用逻辑笔从输出端依次向输入端查寻，寻找逻辑关系不满足设计要求的节点，即故障点。最常见的故障情况有：

① 输出信号时有时无，多为导线接触不良或悬空。

② 输出端为中等电平（不高不低），一般是负载过重或器件性能不好、或未接地等。

③ 输入端为中等电平，经常是连接电线断路所引起的。

④ 输出端无外接电路时，集成电路逻辑功能错误，往往是器件损坏。

⑤ 输出随输入信号规律变化，多为未接电源。

⑥ 输出逻辑错误，一般是前级错误。再检查前级的逻辑关系。

这样依次向前，逐一检查某一状态（或输入组合）下的逻辑关系，最终能找出故障原因。必要时，还应将电路各部分分开，分别进行检查分析。

总之，故障检查的关键是迅速准确地找出故障点。因此在进行故障检查分析时，一定要耐心、细致、善于思考，通过实践不断总结和积累成功的经验。

1.2 数字集成电路简介

1.2.1 概述

当下数字电路几乎已完全集成化了，因此掌握数字集成电路的基础知识并正确使用数字集成电路成为数字电子技术的核心内容之一。

数字集成电路是将元器件和连线集成于同一半导体芯片上而制成的数字逻辑电路或系统。根据数字集成电路中包含的门电路或元器件数量，可将数字集成电路分为小规模集成电路（SSI）、中规模集成电路（MSI）、大规模集成电路（LSI）、超大规模集成电路（VLSI）和特大规模集成电路（ULSI）。

数字集成电路产品的种类繁多，若按制造工艺划分，主要可分成两大类：一类为双极型晶体管数字集成电路，主要有晶体管逻辑门（Transistor-transistor Logic，TTL）电路和集成注入逻辑门（Integrated Injection Logic，I^2L）电路等几种类型；另一类为单极型场效应晶体管数字集成电路——金属氧化物半导体场效应管（MOS），包括 NMOS（Negative Metal Oxide Semiconductor）电路、PMOS（Positive Metal Oxide Semiconductor）电路和 CMOS（Complementary Metal Oxide Semiconductor）电路等。目前最常用的中小规模数字集成电路是 TTL 电路和 CMOS 电路。

TTL 数字集成电路是由双极性晶体管构成的，同时利用电子和空穴两种载流子导电，所以又叫作双极型电路。MOS 数字集成电路是由 MOS 管构成的，由多数载流子导电的电路，CMOS 电路是由 NMOS 管与 PMOS 管一起构成的数字集成电路。

数字集成电路的型号一般由前缀、编号、后缀三大部分组成，前缀代表制造厂商；编号包括产品系列号、器件系列号；后缀一般表示温度等级、封装形式等。

1.2.2 TTL 器件

TTL（Transistor Transistor Logic）是晶体管逻辑的简称，它实际上是指一种制造工艺，使用这种工艺生产制造的数字集成电路称为 TTL 电路。TTL 电路又分为不同的系列，常用的有：基本的 74 系列、低功耗肖特基的 74LS 系列、先进低功耗肖特基的 74ALS 系列等。

各系列 TTL 电路只要编号相同，它的逻辑功能和引脚排列就完全一样。比如，7404、74LS04、74ALS04 都是六非门，它们的引脚排列与逻辑功能完全一致，只是参数各有不同，特别在速度和功耗方面存在着明显差异。

1．TTL 器件的特点

（1）电源电压

TTL 电路的工作电源电压范围很窄。74、74LS 系列为 5V±5%；ALS 系列为 5V±10%。

（2）输出特性

高电平输出电压：74 系列≥2.4V；74LS、74ALS 系列≥2.7V。

低电平输出电压：74 系列≤0.4V；74LS、74ALS 系列≤0.5V。

高电平输出电流：74、74LS、74ALS 系列为 0.4mA（最大值）。

低电平输出电流：74 系列为 16mA（最大值）；74LS、74ALS 系列为 8mA（最大值）。

（3）输入特性

高电平输入电压：74、74LS、74ALS 系列≥2.0V。

低电平输入电压：74、74LS、74ALS 系列≤0.8V。

高电平输入电流：74 系列为 40μA（最大值）；74LS、74ALS 为 20μA（最大值）。

低电平输入电流：74 系列为 1mA（最大值）；74LS 系列为 0.4mA（最大值）；74ALS 系列为 0.2mA（最大值）。

（4）开关特性

逻辑门电路的开关速度通常用传输延迟时间表示。74 系列为 9ns；74LS 系列为 9.5ns；74ALS 系列为 4ns。

（5）功耗

功耗一般用每个门的功耗表示。74 系列≤10mW；74LS、74ALS 系列≤2mW；74ALS 系列≤1.2mW。

2. TTL 电路使用须知

（1）电源电压应保持在 5V，过高易损坏器件，过低则不能正常工作。实验中一般采用稳定性好、内阻小的直流稳压电源。使用时应特别注意电源线与地线是否接错，避免电流过大而损坏器件。

（2）多余输入端不建议悬空。输入端悬空相当于高电平，虽不一定影响逻辑功能，但是悬空状态下易受干扰。建议与门（与非门）多余输入端通过一个电阻（几千欧）接到 V_{CC} 上或直接接高电平；或门（或非门）多余输入端应直接接低电平。此外，带有扩展端的门电路，其扩展端不允许直接接电源。

（3）输出端不允许直接连接到电源或地，这会引起电流过大损坏器件；不允许直接并联使用（OC 门和三态门除外）。

（4）考虑电路负载能力（即扇出系数），要留有余地，避免影响电路的正常工作。扇出系数可通过查阅器件手册或计算获得。

（5）在高频工作时应通过缩短引线、屏蔽干扰源等措施，抑制电流的尖峰干扰。

1.2.3　CMOS 器件

CMOS 数字集成电路与 TTL 数字集成电路相比，有许多优点，如工作电源电压范围宽、静态功耗低、输入阻抗高、成本低等。因而，CMOS 数字集成电路得到了广泛的应用。

CMOS 电路也有多个系列。除了最常用的 4000 系列，还有与 CMOS 电平兼容的高速 74HC 系列，与 TTL 电平兼容的 74HCT 系列及其改进型，如 74AHC/AHCT、74LVC 和 74ALVC 系列等，它们的工作速度得到了显著提升，同时也降低了工作电压，更好地适应低电源电压系统。

1. COMS 器件的特点

（1）电源电压

工作电源电压范围：4000 系列为 3～18V；74HC 系列为 2～6V；74HCT 系列为 4.5～5.5V。

（2）功耗

CMOS 电路的静态功耗很低，电源电压 V_{DD} = 5V 时，门电路类为 2.5～5μW；缓冲器和触发器类为 5～20μW；中规模集成电路类为 25～100μW。

（3）输入阻抗

CMOS 电路的输入阻抗主要取决于输入端保护二极管的漏电流，因此输入阻抗极高，可达 10^8～10^{11} Ω 以上。

（4）输入输出特性

输出电压：逻辑高电平"1"接近电源电压 V_{DD}，逻辑低电平"0"接近电源 V_{SS}。

输入电压：输入高电平（最小值）70% V_{DD}；输入低电平（最大值）30% V_{DD}。

输出电流：在 5V 条件下最大输出电流约为 1mA。

输入电流：最大值为 0.1μA。

（5）抗干扰能力

CMOS 电路噪声容限可达 30% V_{DD}，电源电压越高，噪声容限越大。

（6）扇出能力

在低频工作时，一个输出端可驱动 50 个以上 CMOS 器件。

（7）抗辐射能力

CMOS 管是多数载流子受控导电器件，射线辐射对多数载流子浓度影响不大。因此，CMOS 电路特别适用于航天、卫星和核试验条件下工作的装置。

2. COMS 电路使用须知

（1）电源 V_{DD} 端接电源正极，V_{SS} 端接电源负极（地）。注意两极不能接反，避免电流过大而损坏芯片。实验中 V_{DD} 通常接 5V 电源。

（2）多余输入端不能悬空，应按逻辑要求接高电平或低电平，以免受干扰造成逻辑混乱，甚至损坏元器件。在驱动能力足够的情况下，也可把多余输入端与已用输入端并联使用。

（3）输出端不允许直接接电源或接地，否则将导致器件损坏。一般不得将电路的输出端并联使用，除非是为了提高驱动能力，在相同输入条件下输出端可以并联使用。

（4）输入信号不要超过电源电压范围。

1.2.4 数字集成电路的封装

集成电路封装是指把芯片包裹在一个支撑物之内，并将芯片的焊盘用导线引到提供对外连接的引脚上，这样不仅能有效防止对芯片的物理化学伤害，还能提供对外的连接引脚，使芯片方便地连接到电路板上。

集成电路封装形式有很多种，如双列直插式封装（Package In-Line Dual，DIP）、小外形封装（Small Out-Line Package，SOP）、方形扁平封装（Quad Flat Package，QFP）、方形扁平无引脚封装（Quad Flat No-leads Package，QFN）、球栅阵列封装（Ball Grid Array，BGA）等表面贴装技术封装（Surface Mounted Technology，SMT）。本书实验中涉及的封装多为双列直插式封装。

1. 双列直插式封装（DIP）

DIP 的集成电路最早出现在 1964 年，早期的集成电路大多采用这种封装形式，其引脚数一般不超过 100 个。由于其体积和重量大，目前这种 DIP 的封装形式已逐渐让位于表面贴装技术（SMT）的封装，如 SOP 等。采用 DIP 的集成电路使用时需要插到 DIP 结构的插座上，或者直接插焊在电路板上。DIP 的集成电路在插拔时应特别小心，以免损坏引脚。

DIP 芯片如图 1.2.1 所示。

图 1.2.1　DIP 芯片

特点：

（1）适合在 PCB（印刷电路板）上穿孔焊接，操作方便。

（2）封装体积和重量较大。

2. 表面贴装技术封装

表面贴装技术（Surface Mounted Technology，SMT）是当下最常用的一种电路装连技术，它是一种将无引脚或短引脚贴片元器件（Surface Mounted Devices，SMD）安装在印制电路板（Printed Circuit Board，PCB）的表面或其他基板的表面上，通过回流焊或浸焊等方法加以焊接组装的技术。

表面贴装技术封装是集成电路封装技术的一大进步。下面以 SOP 与 QFP 为例，简单介绍一下表面贴装式封装。

（1）SOP（见图 1.2.2）

图 1.2.2　SOP 芯片

SOP 是目前使用最多的一种封装形式，它具有体积小、重量轻、封装密度大、可靠性高、性能优良等特点，它的引脚间距为 1.27mm。随着集成电路引脚数的增加和体积的减小，SOP 又派生出了一些其他封装：SSOP（Shrink SOP）引脚间距为 0.65mm、0.635mm；TSOP（Thin SOP）薄封装，引脚间距为 0.5mm；TSSOP（Thin Shrink SOP）薄封装，引脚间距为 0.65mm、0.5mm；SOJP（Small-Outline J-Leaded Package）J 型引脚，引脚间距为 1.27mm；MSOP（Miniature SOP）底部有接地焊盘，引脚间距为 0.5mm；VSSOP（Very Shrink SOP）引脚间距为 0.65mm、0.5mm 等。

（2）QFP（见图 1.2.3）

图 1.2.3　QFP 芯片

QFP（Quad Flat Package）为方形扁平封装，它的四侧均带有引脚，通常引脚较细、间距较小，引脚数量较多，是贴片集成电路主要封装形式之一。QFP 引脚间距有 1.0mm、0.8mm、0.65mm、0.5mm、0.4mm、0.3mm 等多种规格，芯片厚度在 2.0mm～3.6mm 之间。为了减小厚度 QFP 演变出了 LQFP（Low-profile QFP）厚度 1.4mm 和 TQFP（Thin QFP）厚度 1.0mm 两种。

QFP 的优点有封装面积小、适合高频使用、操作方便、可靠性高、成本低廉等。对于多引脚、细间距的 QFP 在运输、操作和安装中，易导致引脚变形弯曲、共面畸变。

1.3　可编程逻辑器件简介

可编程逻辑器件（Programmable Logic Device，PLD）是一种半定制集成电路，在其内部集成了大量的门和触发器等基本逻辑单元，用户通过编程来改变 PLD 内部单元的逻辑关系或连线，就可以得到需要的设计电路。可编程逻辑器件的出现改变了传统的数字系统设计方法和手段，为 EDA 技术提供了广阔的发展空间，并极大地提高了电路设计效率。

1.3.1　概述

随着微电子技术与加工工艺的发展，数字集成电路已从电子管、晶体管、中小规模集成电路、大规模集成电路发展到专用集成电路（Application Specific Integrated Circuit，ASIC）。ASIC 的出现，极大提高了系统的可靠性，降低了生产成本，同时缩小了电路板的物理尺寸。虽然 ASIC 推动了科技的数字化进程，但由于其设计周期长、灵活性差，改版成本高，在实际产品开发中受到制约。因此，行业需要一种更灵活的电路设计方法，可根据设计需要随时变更电路，并及时投入到实际应用。可编程逻辑器件（Programmable Logic Device，PLD）应运而生，PLD 芯片内的硬件资源和连线资源由制造厂生产好，用户可以借助相应的设计软件自行编程，然后通过下载电缆将程序灌入芯片，实现所希望的电路功能。

20 世纪 70 年代早期出现了可编程逻辑阵列（Programmable Logic Array，PLA）。PLA 中包含了一些固定数量的与门、非门，它们分别组成了"与平面"和"或平面"，以及仅可编程一次的连接矩阵（因为编程基于的是熔丝工艺），即"与连接矩阵"和"或连接矩阵"，因此可以实现一些功能相对复杂的与、或多项表达式的逻辑。PLA 原理架构如图1.3.1 所示。

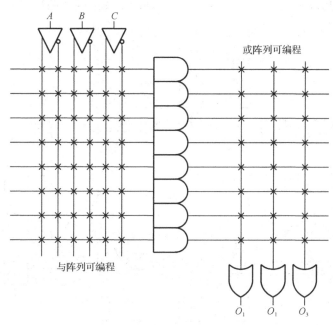

图 1.3.1　PLA 原理架构

可见 PLA 实现的是一个 SOP 表达式的功能，它有一个可编程的"与阵列"和一个可编程的"或阵列"。其中"打叉"的部分是待编程位置，一旦编程完成，用"实心圆点"表示连接，没有标识的表示断开。上述 PLA 结构在实际应用中会出现很多冗余的乘积项，因此，又设计出了可编程阵列逻辑（Programmable Array Logic，PAL），与 PLA 不同的是，PAL 中仅有与阵列是可编程的，而或阵列是固定的，这样可以节省不少资源。

在 PAL 的基础上，又发展出了一种叫"通用阵列逻辑"（Generic Array Logic，GAL）的器件。它相比于 PAL 有两点改进：

（1）采用了电可擦除的 CMOS 工艺，极大增强了器件的可重配置性和灵活性；

（2）采用了可编程的输出逻辑宏单元 OLMC（Output Logic Macro Cell），通过编程 OLMC 来将 GAL 的输出设置成不同的状态，增强了器件的通用性。

随着对可编程器件资源和性能要求的不断增长，这些早期的 PLD 产品日渐不能满足人们的需求，于是业界推出了高密度的可编程逻辑器件，最常用的是复杂可编程逻辑器件（Complex Programmable Logic Device，CPLD）和现场可编程门阵列（Field Programmable Gate Array，FPGA）。

1.3.2 CPLD 介绍

1. CPLD 的结构

CPLD 可以看成是 PLA 器件结构的延续。在 CPLD 的四周分布着一系列称为宏单元的逻辑块，而芯片的中间部分则分布着一个连接矩阵，用于在各个逻辑块之间建立连接。

每一个逻辑块的内部结构跟 PLA 非常类似，所以一个 CPLD 也可以被看成集成了若干个 PLA 和一个可编程连接矩阵的芯片，CPLD 的原理架构如图1.3.2 所示。

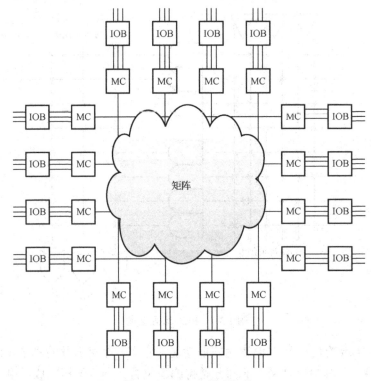

图 1.3.2   CPLD 原理架构

其中外围的 IOB 是输入、输出接口模块，功能类似于 GAL 的 OLMC，但是要更加强大。而紧邻的一层 MC 模块是 CPLD 中的逻辑宏单元。MC 的原理结构和 PLA 类似，可多次编程。CPLD 是基于 SOP 表达式的。中间的连接矩阵是 CPLD 的特殊结构，它采用固定长度的连接线将所有 MC 连成一个整体，从而在实现复杂逻辑功能的同时，让所设计的逻辑电路具有时间可预测性。

2. CPLD 特点

CPLD 具有编程灵活、集成度高、设计开发周期短、适用范围宽、开发工具先进、设计制造成本低、对设计者的硬件经验要求低、保密性强、价格大众化等特点，可实现较大规模的电路设计，因此被广泛应用于产品的原型设计和小批量产品生产。

1.3.3　FPGA 介绍

1. FPGA 结构

FPGA 是现场可编程逻辑门列阵，能够有效地解决原有的器件门电路数较少的问题。FPGA 的内部架构相对于以往的可编程逻辑器件有着本质的变革，它并没有沿用类似 PLA 的结构，而是采用了逻辑单元阵列（Logic Cell Array，LCA）的概念，一改以往 PLD 大量使用与门、非门的思路，而是使用查找表和寄存器等单元。FPGA 的基本原理架构如图 1.3.3 所示。

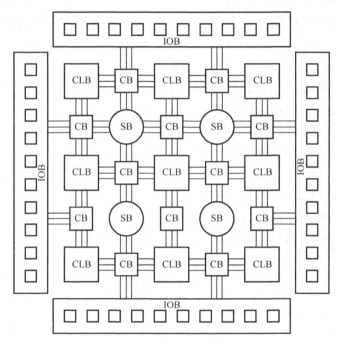

图 1.3.3　FPGA 基本原理架构

与 CPLD 类似，FPGA 最外层的仍然是功能强大的 IOB 模块。FPGA 中的基本逻辑单元为 CLB 模块，一个 CLB 模块中一般包含了若干个基本的查找表、寄存器和多路选择器资源。为了能够在 CLB 之间建立灵活可配置的连线关系，FPGA 内部还包含连线盒（CB）资源和开关盒（SB）资源。其中 CB 的作用是将 CLB 的输入、输出接通到连线资源中，而 SB 的作用是对水平和竖直连线资源进行切换。FPGA 中还具有不同功能的嵌入式功能块。

2. FPGA 应用方向

FPGA 的应用方向非常广泛，按照应用领域来看，FPGA 在通信、数据处理、网络、仪器、工业控制、医学、生物、军事和航空航天等众多领域都已经得到了广泛的应用。FPGA

已经从最早的只应用于辅助功能及胶合逻辑的简单器件，发展到现今众多产品的核心器件。并且随着功耗和成本的进一步降低，FPGA 还将进入更多的应用领域。按照产品特点来分的 FPGA 几大应用方向：

（1）ASIC 原型验证；

（2）可编程片上系统（SoPC）；

（3）小规模产品；

（4）要求功能灵活可配置的产品。

1.3.4　FPGA 与 CPLD 的区别

FPGA 和 CPLD 都是可编程 ASIC 器件，有很多共同特点，但由于 CPLD 和 FPGA 结构上的差异，具有各自的特点：

（1）CPLD 多为乘积项结构；FPGA 多为查找表（LUT）加寄存器结构。

（2）CPLD 触发器数量少，更适合完成各种算法和组合逻辑；FPGA 更适合完成时序逻辑。

（3）CPLD 时序延迟是均匀的和可预测的；FPGA 延迟是不可预测的。

（4）FPGA 的集成度比 CPLD 高。

（5）CPLD 编程采用 E2PROM 或 FLASH 技术，无需外部存储器芯片，使用简单；FPGA 的编程信息需存放在外部存储器上，使用方法复杂。

（6）CPLD 的速度比 FPGA 快。

（7）CPLD 保密性好，FPGA 保密性差。

（8）通常，CPLD 的功耗要比 FPGA 大。

目前，最大的两家 FPGA 和 CPLD 生产厂家 Altera、Xinlinx 已分别被 Intel 公司和 AMD 公司收购。

第 2 章　数字电路与系统实验工具

本章主要介绍 Quartus II 的使用。Quartus II 是 Intel 公司的综合性 FPGA/CPLD 开发软件，支持原理图、VHDL、Verilog HDL 等多种设计输入形式，可以完成从设计输入到硬件配置的完整 PLD 设计流程。

本章使用的硬件是 DSE-V 数字电路与系统实验平台，将先进的大规模可编程器件和 EDA 技术融合，采用了实验主板+可编程 FPGA/CPLD 目标板的结构设计、多任务重配置技术，配有等精度频率测量、逻辑笔等模块，功能强大，通用性强，可以完成单元电路到具有实用价值的综合数字系统实验，不仅适用于数字电子技术等课程的实验教学，也适用于 EDA 技术、可编程器件、数字系统设计等课程的实验教学。

2.1　Quartus II 软件使用介绍

Quartus II 软件属于第四代 PLD 开发工具，是一个基于 Altera 器件进行逻辑电路设计的体系结构化的完整集成环境，支持包括 Cyclone、MAX II、MAX3000A、MAX7000、MercuryTM、StratixTM、Stratix II 和 Stratix GX 等器件。

Quartus II 是 Maxplus II 衍生的产品，相比之下 Quartus II 不仅支持器件类型的丰富和图形界面的改变，还包含了许多诸如 SignalTap II、Chip Editor 和 RTL Viewer 的设计辅助工具，集成了 SOPC 和 HardCopy 设计流程，并且继承了 Maxplus II 友好的图形界面及简便的使用方法。从 Quartus II 16 开始，Quartus II 更名为 Quartus Prime。当下 Quartus Prime 最新的版本为 Quartus Prime 20。

需要注意的是 Quartus II 10～12 软件不包含仿真组件，如需仿真必须另外安装 Modelsim，Quartus II 13 及之后的版本开始自带学生版 Modelsim。因此建议实验中使用 Quartus II 9 或 Quartus II 13 及之后的版本。

Quartus II 为逻辑电路设计提供了以下支持：

（1）多种设计实体输入方式：电路原理图、模块图、AHDL、VHDL、Verilog HDL 等。

（2）平面布置图编辑。

（3）逻辑锁（Logic Lock）。

（4）设计逻辑综合。

（5）功能仿真、时序仿真。

（6）时序分析。

（7）利用 Signal Tap II Logic Analyzer 进行嵌入式逻辑分析。

（8）自带编辑器和工程管理器。

（9）自动错误定位。

（10）器件编程和下载。

Quartus II 9 的主窗口如图2.1.1 所示。

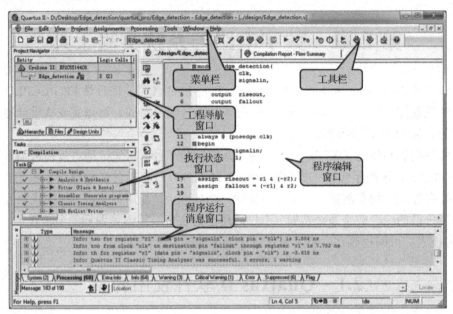

图 2.1.1　Quartus II 9 的主窗口

Quartus II 与主流的第三方工具实现了无缝连接。Quartus II 可以输入 VHDL 网表文件和 Verilog HDL 网表文件，也可以生成 VHDL 网表文件和 Verilog HDL 网表文件，用于和其他具有工业标准接口的 EDA 工具进行交流。Quartus II 用户界面丰富、友好、易用，具有详细方便的在线帮助，提供了从设计输入到器件下载编程的全部手段。在 Quartus II 层次化的工程管理器中，可以输入不同类型的设计文件，为每一个功能模块选择适当的设计实体模式。例如，可以利用 Quartus II 模块编辑器为顶层设计创建模块图，再用模块图、原理图、AHDL 文本文件、VHDL 文本文件、Verilog HDL 文本文件等创建底层的设计部件，层次化的设计方式使使用者不必担心器件的执行，并可自由地创建逻辑设计。Quartus II 的增强型用户界面可以同时运行多个文件。例如，在编译、仿真一个工程时，可在另一个工程中多个正在编辑的文件之间传送信息。还可以查看一个完整设计的层次，也可以在各层次之间平滑地移动。

2.1.1　Quartus II 设计流程

用户可以使用 Quartus II 的 GUI 方式完成设计流程的各个阶段，它是一个易用且独立的开发环境。其基本设计流程如图 2.1.2 所示。

下面以一个"同步复位十六进制计数器"设计为例，简略地介绍 Quartus II 9 的基本使用方法，更复杂的使用方法请读者熟悉基本使用方法后自行摸索。

1．建立工程

为使得工程的排布清晰有条理，应该为每个工程建立一个单独的文件夹。这里在 D 盘的 Desktop 文件夹下建立一个名为"Counter16"的工程文件夹，如图2.1.3 所示。

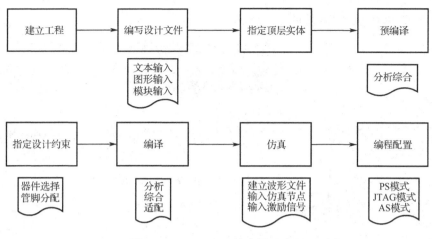

图 2.1.2 Quartus II 基本设计流程

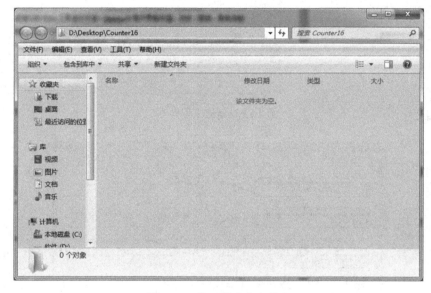

图 2.1.3 为工程建立文件夹

然后需要打开 Quartus II 软件，进行如下的操作。

（1）新建工程向导

单击菜单栏下的 File 选项卡，选择"新建工程向导"（New Project Wizard）选项，弹出"新建工程向导"对话框，如图 2.1.4 所示。

（2）输入工程信息

在"新建项目向导"对话框中可以选择工程目录、工程名称和顶层实体名，如图 2.1.5 所示。3 个输入框后面都提供了导航按钮，单击该按钮可以根据需要设置工程所在的目录。

如果顶层文件已经设计好，则可以单击第一个框后面的导航按钮，进入新建工程所在的目录，然后选中顶层文件，下面两个框中的内容会自动填好。如果顶层文件还没有编写好，则需要手动填写这两个框，工程名称推荐使用和顶层实体名相同的名称。顶层实体名必须和顶层文件名相同，也就是设计中的顶层实体名。因此，在设计中总是把文件的名称命名为顶层实体名，这样可以见名知意。

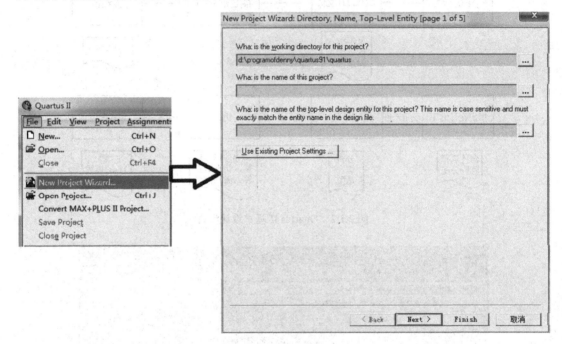

图 2.1.4　新建工程向导

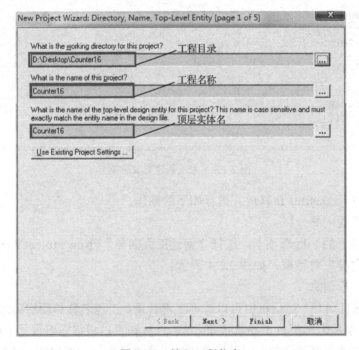

图 2.1.5　输入工程信息

在这里，没有预先设计好顶层实体，工程目录填写为刚才所创建的文件夹，工程名称和顶层实体名都为"Counter16"。

（3）加入设计文件

将工程信息中的 3 个参数设置好后，单击图中窗口下面的 Next 按钮进入"加入设计文件"对话框，如图 2.1.6 所示。

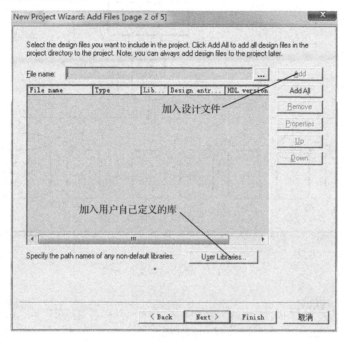

图 2.1.6 "加入设计文件"对话框

单击对话框右侧的 Add 按钮可以选择加载所要的各种设计输入文件，如果单击 Add All 按钮则将加载工程所在文件夹中的所有设计输入文件，允许被加载的数据输入文件包括：图形输入文件（.BDF 或.GDF）、原理图文件（.BSF）、AHDL 文件（.TDF）、VHDL 文件（.VHD）、Verilog HDL 文件（.V）、第三方工具（Exemplar 等）输入文件（.EDF 等）。其中 AHDL 是一种由 Altera 公司自定义的硬件描述语言。这些文件分类如图 2.1.7 所示。

需要注意的是，并不是该工程目录下的所有文件都要被加入到设计工程中。假如顶层实体名和顶层文件名不同，则一定要加入顶层文件名。这里可以只加入设计的顶层文件，甚至可以不加入文件，文件的加入和删除在工程建立好之后仍然可以方便地修改。

在这里，因为没有预先任何设计文件，所以这里直接单击 Next 按钮进入下一步，待工程建立完毕之后再添加设计文件。

（4）选择器件型号

在上一步完成后单击 Next 按钮，弹出"选择器件型号"对话框，如图 2.1.8 所示。在图 2.1.8 上方是一些用来约束器件型号的条件，包括器件系列、封装类型、引脚数、速度等级等，下方列表框中的内容根据约束条件的变化而变化，一般约束条件越多，左边框中可选的器件类型就越少。如果可选的器件后有 Advance，则表明该芯片还没有投放市场。在这里选择 Cyclone II 系列的 EP2C5T144C8 芯片，该芯片的封装类型为 LQFP144，速度等级为 8，然后单击 Next 按钮。

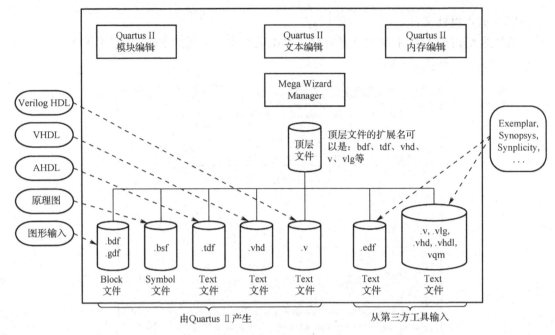

图 2.1.7　设计输入文件分类

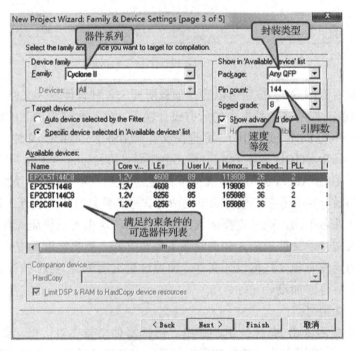

图 2.1.8　选择器件型号

（5）选择第三方 EDA 工具

其对话框如图 2.1.9 所示，可以在此对话框中选择 FPGA 设计过程中不同阶段的第三方 EDA 工具，从而可以方便地将 Quartus II 软件与其他 EDA 软件联合起来完成设计。可选的第三方 EDA 工具类型包括综合工具、仿真工具和时序分析工具。

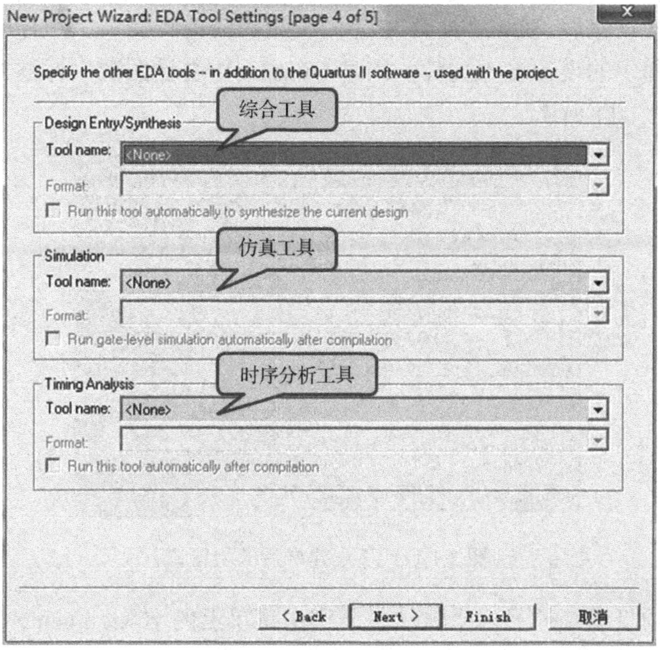

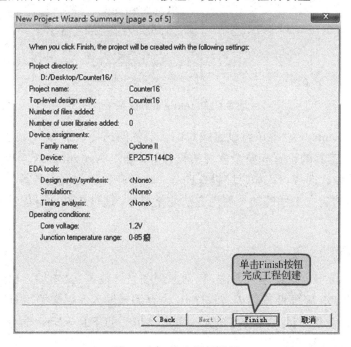

图 2.1.9　选择第三方 EDA 工具

在 Quartus II 9 中已经自带了综合工具、仿真工具及时序分析工具，在这里不使用第三方 EDA 工具，所以上述的三个选择都选择 None 选项。

（6）检查设置结果

建立工程的最后一步是检查前面所有设置的结果。如图 2.1.10 所示，包含了前面给该新建工程所设置的所有内容，单击 Finish 按钮，完成对工程的设置。

图 2.1.10　检查设置结果

完成对工程的设置后，Quartus II 主界面发生相应的改变，工程导航窗口中将显示已经被加入到该工程中的设计输入文件，同时 Quartus II 主界面窗口标题将显示工程名和工程目录名，如图 2.1.11 所示。

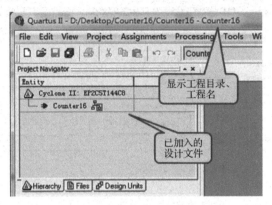

图 2.1.11　工程建好后的主窗口

此外，更改项目设置的另一个方法是通过主菜单上的 Assignments 菜单，如图 2.1.12 所示。

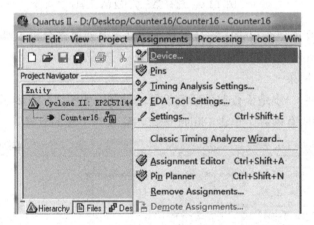

图 2.1.12　Assignments 菜单

通过 Assignments 下拉菜单可以完成对综合器件的选择、引脚的分配、时序约束的设置、第三方 EDA 工具的设置和整个软件的设置等；通过 Assignments 菜单的 Wizards 命令还能够获得各种设计向导，比如时序设置向导、编译向导和仿真向导等，这些向导的使用方法与前面介绍的建立工程的向导使用方法非常类似，通过这些向导能够方便地完成相应设置功能。

2．设计输入

Quartus II 支持多种设计输入方法，包括原理图设计输入、文本输入（用来编辑 AHDL、VHDL、Verilog HDL 等硬件描述语言程序）、内存编辑输入（用来编写 HEX、MIF 等存储器初始化文件）。新建设计文件的方法为：单击菜单栏的 File→New 命令，选择对应的设计文件，如图 2.1.13 所示。

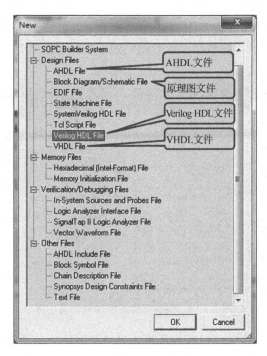

图 2.1.13　新建设计文件

此外，Quartus II 还支持来自第三方工具的输入，如*.EDIF 网表文件输入、*.HDL 硬件描述语言文件输入、*.VQM 文件输入（由 Synplify 软件产生的一种网表文件）。在 Quartus II 中也可以采用一些别的方法去优化和提高输入的灵活性，如图形、文本和网表的混合设计输入方式，还可以利用 LPM 和宏功能模块来加速设计输入。

（1）文本输入方法

文本输入方法是 Quartus II 最基本的设计输入方法，Quartus II 提供了一个方便、灵活的文本编辑输入窗口，可以输入 Verilog HDL、VHDL 和 AHDL 等文本文件。其中的文本使用了不同的颜色来加以区分，如注释文本以绿色显示、Verilog HDL 关键字用蓝色显示，这样给阅读程序带来了方便，也为编写程序时检查错误提供了方便。在这里新建一个 Verilog HDL 文件，并将十六进制计数器的设计代码输入文件中。

```verilog
module Counter16_1(
    input clk,
    input rst_n,
    output      reg   [3:0] cnt
);
always @ (posedgeclk)
begin
    if(rst_n == 1'b0)
            cnt<= 'd0;
    else
            cnt<= cnt + 1'b1;
end
endmodule
```

然后将文件保存,将文件命名为"Counter16_1",同时勾选"Add file to current project"复选框,如图 2.1.14 所示。然后在工程导航栏的 Files 视图下可以看到工程中已新增了该文件。

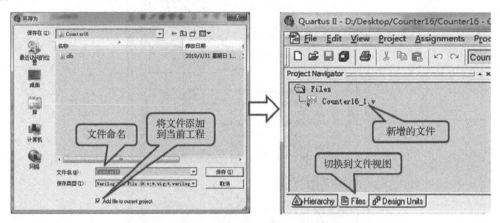

图 2.1.14　保存文件并添加到当前工程

此外,Quartus II 中的文本编辑器还提供书签和列选择的功能。可以在设计文本中插入/删除书签,还可以跳转到书签位置,为编写、阅读大的程序提供了方便。

(2)原理图设计输入方法

在 Quartus II 中除了可以采用文本输入方法外,还可以采用原理图设计输入方法(图形化输入方法)。图形化输入方法主要用来做顶层设计,可以通过原理图设计输入方法将许多设计好的系统子模块组合到一个顶层原理图文件中,这样做使得设计的层次比较清晰,当然也可以将整个设计都采用原理图设计输入方法进行输入。因其简单直观,一些熟悉数字电路设计的工程师特别喜欢这种设计输入方法,但是当一个设计比较庞大,特别是设计中的连接引脚很多时,用这种原理图的设计输入方法就不太适合了。一般可以采用图形化输入与文本输入相结合的方式来完成比较大的工程设计。

采用原理图设计输入方法,用户同样可以加入 Quartus II 提供的 LPMs、宏功能等函数,还可以利用用户自己的库函数来设计。原理图设计输入方法还提供"智能"的模块链接和映射方法。

原理图设计输入方法的设计流程大致如下。

① 产生一个新的图形输入文件。执行菜单栏中 File→New→Block Diagram/Schematic File 命令,可以建立一个空白的图形输入文件。

② 画出图形模块或输入设计单元符号,也可以是来自 Quartus II 库中的模块,还可以是由硬件描述语言生成的模块。这里介绍使用 Quartus II 库中的模块来构建原理图设计。单击"Symbol Tool"图标进行元件的选择,弹出 Symbol 元件选择对话框,如图 2.1.15 所示。

如图 2.1.15 所示,我们可以选择三类元件:IP 核元件、基本元件和其他元件。最常用的是基本元件,其中包括 buffer 元件、logic 元件、other 元件、pin 元件、storage 元件。

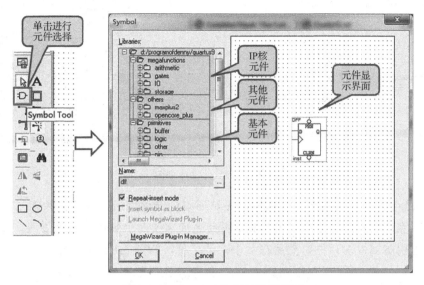

图 2.1.15　Symbol 选择元件对话框

　　buffer 元件包含了如输入缓冲、输出缓冲等元件；logic 元件包含各种逻辑门，如与门、或门、非门、异或门等；other 元件包含基本的 vcc 和 gnd 等元件；pin 元件包含输入、输出引脚元件；storage 元件包含各种触发器元件。

　　为构建十六进制计数器，需要使用 D 触发器、非门、输入输出引脚等，如图 2.1.16 所示。

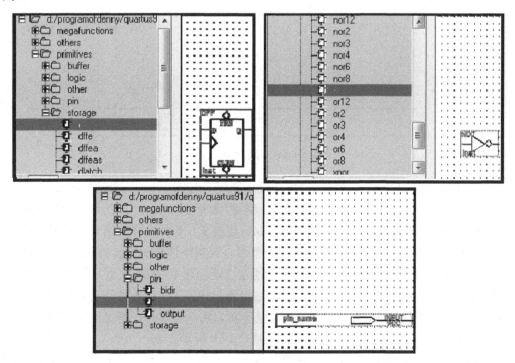

图 2.1.16　设计所需元件

将各元件排列整齐，如图 2.1.17 所示。

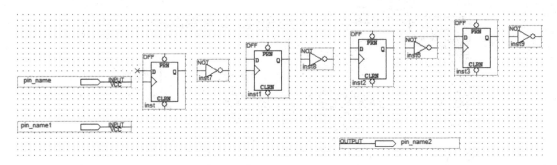

图 2.1.17 元件排列图

③ 修改引脚名称并连线。当拖放好设计所需的元件之后，接下来的工作就是如何将这些模块联系起来构成一个有机的整体。再此之前需要对引脚进行名称修改，方法为双击引脚，弹出引脚属性对话框，然后在其中修改名称，如图 2.1.18 所示。

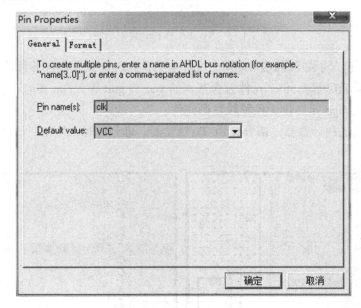

图 2.1.18 修改引脚名称

④ 连接各个设计单元，可以利用单连线、总线等连接方式。另外，Quartus II 提供了一种可以称为"智能"的连接方式。如果连接不同模块时，两边端口的名字相同就不用标注出来，Quartus II 可以自动将名称相同的端口连接在一起。这样一来只要将需要连接的端口命名成相同的名字，那么只要一个连线就可以连接模块之间所有的普通 I/O。如果想把端口名称不同的两个引脚连接起来，可以通过在连接线上右击，在弹出的快捷菜单中选择"属性"选项，弹出一个关于该连接线的端口连接列表，通过设置该列表中的相应选项就可以方便地将不同名称的端口连接起来，甚至可以将一个端口中指定的某几位与另一个指定端口中的某几位连接起来。连线方式如图 2.1.19 所示。

⑤ 保存设计。Quartus II 会自动把文件命名成.bdf 文件，在这里取名为 Counter16_2，如图 2.1.20 所示。

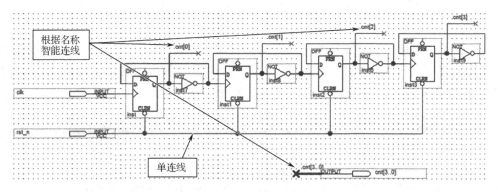

图 2.1.19　连线方式

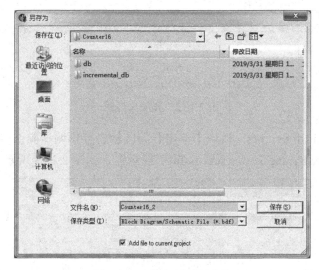

图 2.1.20　保存原理图文件

3. 指定顶层实体

一个工程可以包含多个设计文件，但是只能有一个顶层实体。顶层实体也对应了一个设计文件，但是该文件在设计的多个模块中是处于最上层的，它通过调用其他模块来实现整体设计的目的。设置顶层实体的方法是：在工程导航栏对应的文件右击，在弹出的快捷菜单中选择"Set as Top-Level Entity"选项，如图 2.1.21 所示。

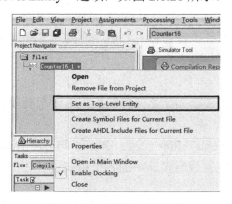

图 2.1.21　设置为顶层实体

4．预编译

在进行后面的约束之前，需要对工程进行预编译，一来是检查设计是否包含错误以便及时修正，二来是让 Quartus II 能够进行网表的综合，读取引脚信息。预编译的方法为执行菜单栏中 Processing→Compiler Tool 命令。预编译界面如图 2.1.22 所示。

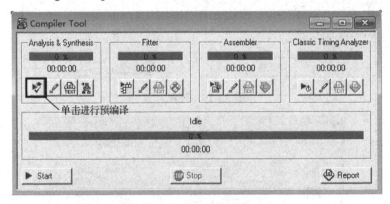

图 2.1.22　预编译界面

然后在 Analysis & Synthesis 板块中单击开始图标进行预编译操作。当完成预编译之后会弹出"Analysis & Synthesis was successful"提示框，如图 2.1.23 所示。

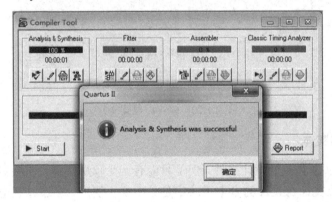

图 2.1.23　预编译成功提示框

5．指定约束

在完成工程的建立和设计文件的输入之后，需要对工程进行一定的约束，其中包括：引脚分配、器件选项、未用引脚设置等。

（1）引脚分配

引脚分配可使用图形界面法和配置文件法，下面分别进行介绍。

① 图形界面法

执行菜单栏中 Assignments→Pins 命令，弹出引脚分配对话框，如图 2.1.24 所示。在该对话框中双击 Location 栏对顶层设计中的各个引脚进行分配，如图 2.1.25 所示。

② 配置文件法

除了使用图形界面法进行引脚分配，还可以使用配置文件法进行引脚分配，使用配置文件法的好处是可以减少重复操作，加快开发速度。首先新建一个 txt 文件，命名任意，这里命名为"Pin.txt"，在配置文件中一行指定了一个引脚的分配操作，最开始一行为限定行，左边为"To"，右边为"Location"，如图 2.1.26 所示。

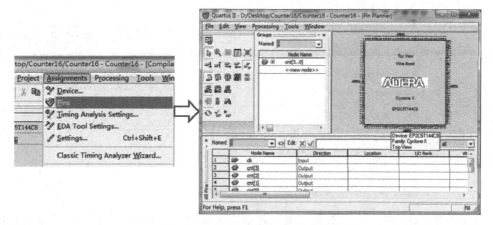

图 2.1.24　打开引脚分配对话框

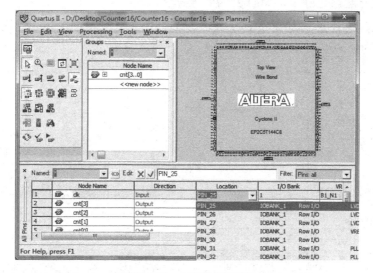

图 2.1.25　引脚分配操作

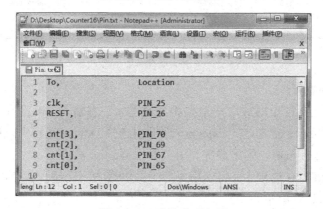

图 2.1.26　引脚分配文件

然后在 Quartus II 中执行菜单栏中 Assignments→Import Assignments 命令，导入该 Pin.txt 配置文件。

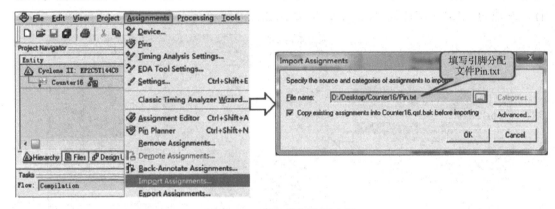

图 2.1.27 导入引脚分配文件

导入引脚分配文件之后，再次查看引脚分配对话框，可以看到所有的引脚都已经按照配置文件中的分配锁定好了，如图 2.1.28 所示。

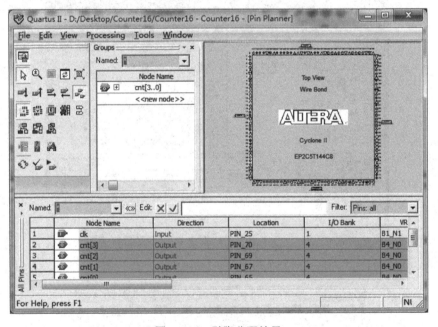

图 2.1.28 引脚分配结果

（2）未用引脚设置

对于设计中未使用到的引脚，一般要将其设置为三态输入，设置的方法为执行菜单栏中 Assignments→Device 命令，在 Category 选区中选择 Device 选项卡，并在右边窗口中单击 Device and Options 按钮，弹出器件和引脚对话框。

再选择 Unused Pins 选项卡，将未用引脚全部设置为三态输入状态，然后单击"确定"按钮即可，如图 2.1.29 所示。

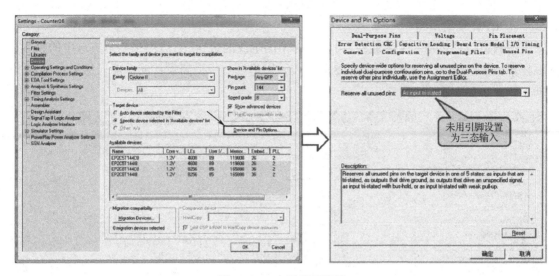

图 2.1.29　未用引脚设置

6. 完整编译

前面已经介绍了预编译的操作方法，其编译步骤包括分析、综合并输出网表信息，完整的编译包括编译、网表输出、综合、布局布线、生成配置文件、时序分析等。在完成设计的约束之后都需要对工程进行一个完整的编译，方法是在 Compiler Tool 对话框中单击 Start 按钮，如图 2.1.30 所示。

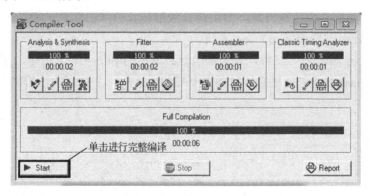

图 2.1.30　完整编译

完整编译之后，对话框中的 4 个板块的进度条都显示为 100%，同时 Full Compilation 进度条也会显示为 100%。另外，单击 Report 按钮可以查看编译报告。主要包括以下内容：

① 器件各项资源使用统计；

② 编译时所用的设置；

③ 芯片底层布线显示；

④ 器件资源利用率；

⑤ 状态机的编码实现情况；

⑥ 逻辑方程式；

⑦ 延时分析结果；

⑧ CPU 使用资源。

报告窗口左边是一个导航栏，可以选择不同阶段的报告。右边用来显示被选中的报告。编译报告窗口是一个只读的窗口，这些报告为用户进一步提高设计的性能提供了有益的帮助，如图 2.1.31 所示。

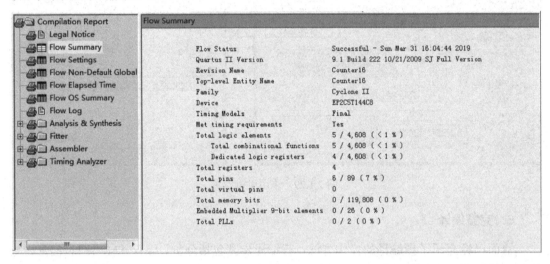

图 2.1.31　编译报告

7．仿真

Quartus II 支持多种仿真方法，常用的是波形仿真方法，仿真的激励波形由向量波形文件（VWF，Vector Waveform File）给出。

首先建立一个新的波形文件，方法是执行菜单中的 File→New 命令，在弹出的对话框中选择 Vector Waveform File 选项，单击 OK 按钮，建立一个空白的波形文件，如图 2.1.32 所示。

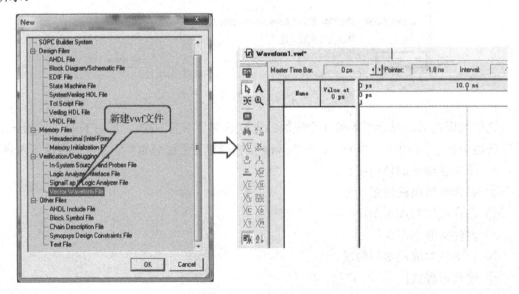

图 2.1.32　新建波形文件

在新建的波形文件的空白处双击，弹出如图 2.1.33 所示的对话框，可以用来往波形文件中加入测试节点。单击 Node Finder 按钮进入节点选择对话框。

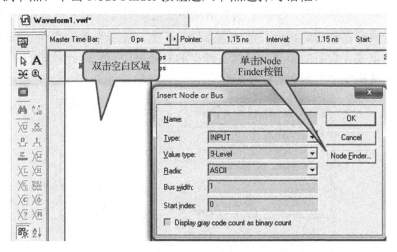

图 2.1.33　列出引脚

单击 List 按钮，对话框右下方的框中将显示设计中的所有输入和输出引脚，显示引脚的名称及类型与对话框中 Named 和 Filter 两个下拉列表中的内容有关。在左边的框中双击要添加到新建波形文件中的节点，这些节点将会被添加到右边的框中，如图 2.1.34 中的 clk、rst_n 节点。单击 OK 按钮，这些被选中的节点将被加载到波形文件中，如图 2.1.34 所示。

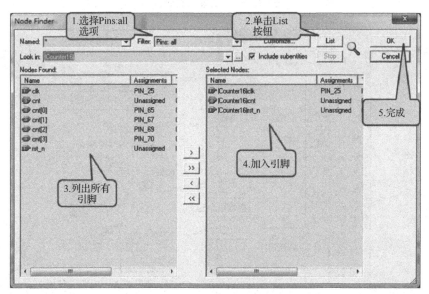

图 2.1.34　选择需要加入的引脚

新建的波形文件中有了测试节点后，接下来就要设置仿真时间和描绘仿真波形。

设置仿真时间的方法为执行菜单栏的 Eidt→End Time 命令，这里设置为 10μs，如图 2.1.35 所示。然后双击准备要赋值的部分，在弹出的对话框中填入要赋的初始值。还可以通过赋值图标给波形赋值，单击波形窗口中左边的信号名称，选中整个波形，然后单击波形编辑窗口工具栏中相应的图标，给该波形赋值。例如，单击 Over Write Clock 图标，可以将该信号赋值成时钟形式的信号，在弹出的对话框中还可以对该时钟信号做相应的设置，如时钟周期、时钟占空比和初始相位等，如图 2.1.36 所示。还可以单击 Count Value 图标，将选中的信号赋值成计数器的形式，同样在弹出的对话框中可以对计数器的特性加以设置。赋值完成后的波形文件如图 2.1.37 所示。

图 2.1.35　设置仿真时间

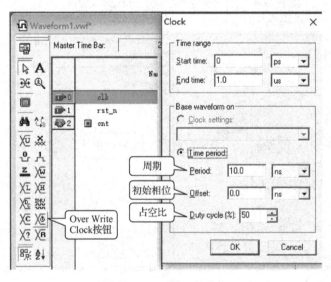

图 2.1.36　设置时钟信号

将该文件保存，并将其加入到工程中，就可以用来仿真了。单击 Quartus II 工具栏中的 Start Simulation 图标，Quartus II 将按照刚才输入的波形文件中的仿真激励来对设计进行时序仿真。仿真所得波形文件如图 2.1.38 所示。

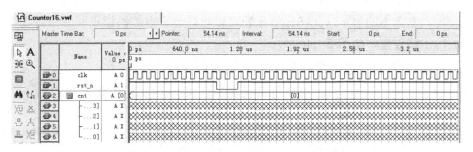

图 2.1.37　赋值完成的波形文件

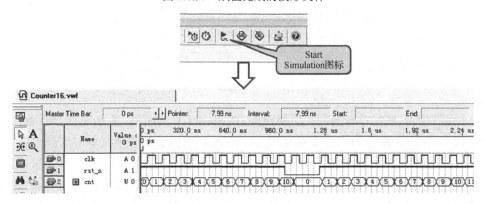

图 2.1.38　仿真结果

与上面的波形文件不同的是，该波形文件中的输出信号 cnt 已经不再是"XXXX"了，而是一串含有具体值的输出波形。右击选中的信号，在弹出的快捷菜单中选择"属性"选项，在弹出的对话框中选择相应的参数，可以设置信号的不同显示形式。例如，在本例中将 cnt 信号显示为无符号整数，以便更好地观察输出结果。

波形中的输出信号 Q 是带毛刺的，单击波形工具栏中的放大图标来放大或缩小显示比例（单击波形放大，右击波形缩小，选择一个区域则放大这个区域），然后就可以观测到输出信号的变化细节了。

8. 编程配置

当设计经过充分的仿真后，如果达到了设计预期的效果，就可以将设计下载到电路板上的 FPGA 芯片中了。执行菜单栏的 Tools→Programmer 命令，打开下载窗口，如图 2.1.39 所示。

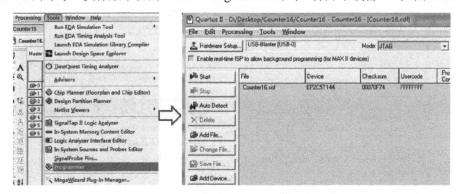

图 2.1.39　打开下载窗口

单击窗口左上方的 Hardware Setup 按钮可以设置下载电缆根据不同的下载设备，选择与之对应的下载设置，如图 2.1.40 所示。

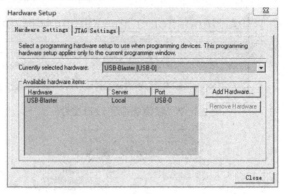

图 2.1.40　硬件设置

对于第一次下载的 Quartus II，需要对 USB-Blaster 安装驱动，方法是打开设备管理器，可以看到 USB-Blaster 上有一个黄色感叹号，右击，在弹出的快捷菜单中选择"更新驱动程序软件"选项，在弹出的对话框中单击"浏览计算机以查找驱动程序软件"按钮，然后在驱动路径中填写 Quartus II 中 USB-Blaster 驱动的路径，例如"D:\Quartus91\quartus\drivers\usb-blaster"，然后单击"下一步"按钮开始安装驱动。驱动安装流程如图 2.1.41 所示。

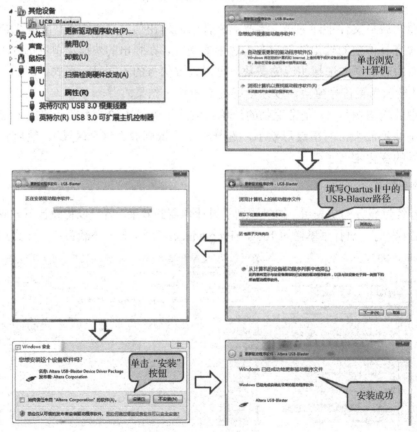

图 2.1.41　驱动安装流程

下载时一般采用 JTAG 进行下载，下载窗口中还显示了要加载文件的名称、路径、大小等信息。可以通过窗口左边工具栏中的按钮选择要加载的文件，或者删除窗口中的加载文件。设置好加载硬件，并添加要下载的.sof 文件后，还要勾选窗口中的 Program/Configure 复选框，然后单击左边工具栏中的 Start 按钮就可以进行下载了，进度表中开始显示目前完成下载进度，如图 2.1.42 所示。

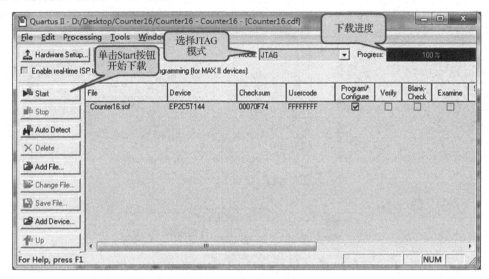

图 2.1.42　启动下载

下载完毕之后便可以观察实验硬件的状态和结果是否与设计一致，若不一致则应反复修改设计，并重新下载验证。

2.1.2　SignalTap II 使用介绍

调试 FPGA 是一个比较艰巨的任务，设计越是复杂，则在验证设计上所花的时间和精力就越多，所以我们必须尽可能地减少验证时间，此时验证工具的优势就体现出来了。Altera 的 SignalTap II 逻辑分析仪是 Altera Stratix II、Stratix、Stratix GX、Cyclone、Cyclone II、APEX II、APE20KE 等系列 FPGA 的在线、片内信号分析工具。与硬件逻辑分析仪相比，SignalTap II 具有成本低廉、使用方便、灵活性大等特点，对于 FPGA 设计开发人员来说，无疑是一个好帮手。

1. 创建并设置 STP 文件

（1）创建一个新的 STP 文件。

在 File 菜单中选择 New 选项，在弹出的界面中选择 SignalTap II Logic Analyzer File 选项，再单击 OK 按钮，弹出 SignalTap II 主界面，如图 2.1.43 所示。

（2）添加采样时钟和采样深度。

在 SignalTap II 主界面中的 Signal Configuration 窗口中，单击 Clock 旁边的 "..." 按钮（见图 2.1.44），弹出 Node Finder 对话框，然后在 Filter 下拉列表中选择 pre-synthesis 选项，单击 List 按钮列出设计中的所有信号。选择恰当的信号后，单击 OK 按钮。这里选择的是十六进制计数器的 clk 信号，如图 2.1.45 所示。

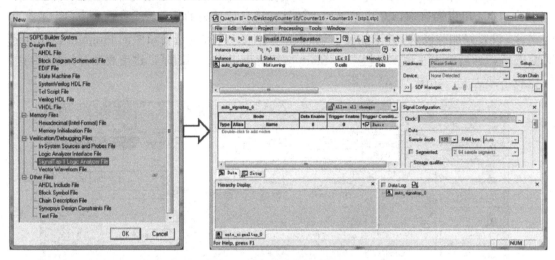

图 2.1.43　创建 STP 文件

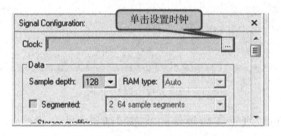

图 2.1.44　进入时钟选择对话框

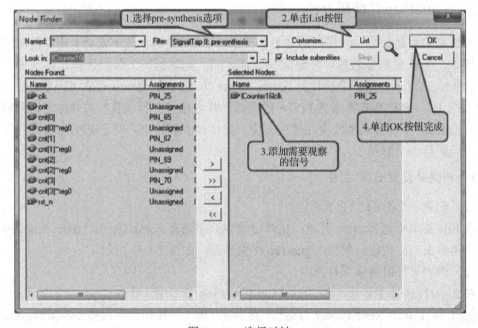

图 2.1.45　选择时钟

另外，在 Signal Configuration 窗口的 Data 选区中可以选择采样的深度，可选的采样深度范围为 0～128K，如图 2.1.46 所示。选择的采样深度越大，触发级数越高，所占用的 LE 和 Memory 的资源就越多，在 Instance 一栏中可以看到目前每个 Instance 所用的资源。

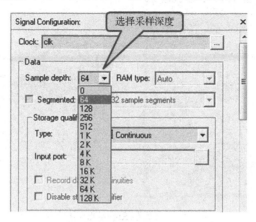

图 2.1.46　设置采样深度

（3）添加观测节点（Nodes）

在菜单栏中的 Edit 中选择 Add nodes 选项，弹出 Nodes Finder 界面，在 Filter 下拉列表中选择 pre-synthesis 选项，单击 List 按钮，Nodes Found 窗口中将列出查找到的信号，双击以选取所需信号。用同样的方法加入其他所需信号，完成后单击 OK 按钮。选择信号完毕之后对需要观察的信号分别使能 Data Enable 和 Trigger Enable 选项，如图 2.1.47 所示。

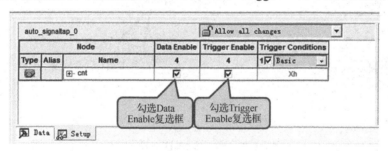

图 2.1.47　添加观察节点

（4）若需要在抓取信号时使用高级触发方式，则需要在 Trigger Conditions 下拉菜单中选择 Advanced 选项，出现高级触发对话框，可以在此界面下搭建自己的触发条件。

（5）保存文件

设置完毕之后执行菜单栏中的 File→Save 命令，将 SignalTap II 文件保存到工程目录下。然后软件会提示是否为当前工程使能 SignalTap II 的调试功能，单击"是"按钮即可，如图 2.1.48 所示。

2．编译和下载运行

（1）重新编译带有 SignalTap II 的项目。

此时必须保证在 Assignments 菜单中选择 Settings 选项弹出的 Settings 界面中的 Signal

Tap II Logic Analyze 选项使能 SignalTap II 并指定 STP 文件地点，如图 2.1.49 所示。然后在 Processing 菜单中选择 Start Compilation 选项对工程进行一个完整的编译。

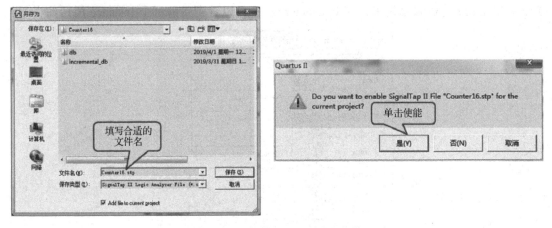

图 2.1.48　保存 SignalTap II 文件

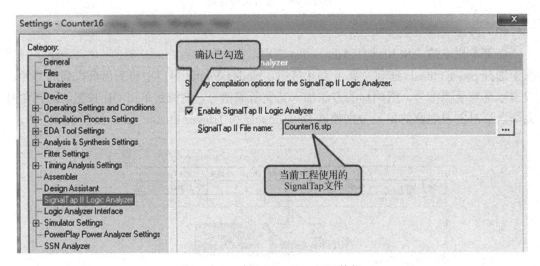

图 2.1.49　确认 SignalTap II 已使能

（2）通过 JTAG 下载编译完后的 SOF 文件

在 SignalTap II 的 JTAG Chain Configuration 窗口中，单击 Hardware 下拉列表右边的 Setup 按钮，弹出 Hardware Setup 对话框，在 Hardware Settings 选项卡中选择 USB-Blaster 选项，单击 Close 按钮即可完成硬件设置（见图 2.1.40），再单击 SOF 右边的下载图标即可完成下载，如图 2.1.50 所示。

（3）运行

下载完毕之后，单击 Autorun Analysis 按钮，启动信号捕获，然后在 Data 窗口中即可看到我们希望采集的信号波形，如图 2.1.51 所示。

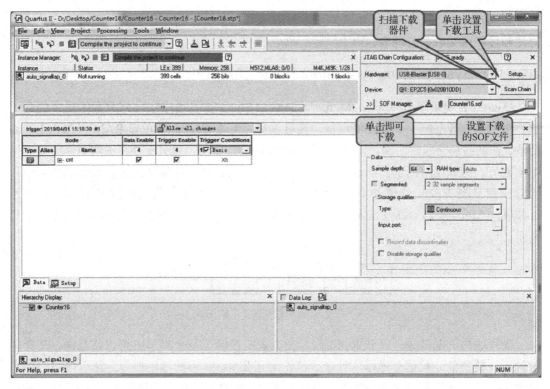

图 2.1.50　SignalTap II 下载配置

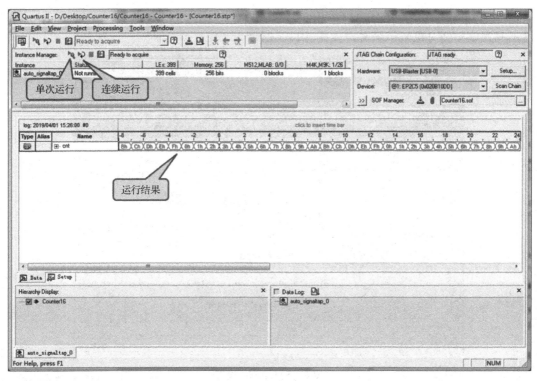

图 2.1.51　运行结果

以上就是使用 SignalTap II 逻辑分析仪调试 FPGA 设计的一般步骤，更进一步的使用方法和技巧请读者自行探索。

2.1.3　In-System Memory Content Editor 使用介绍

Quartus II 提供了 In-System Memory Content Editor 工具用来实时修改存储器中的存储值。使用该工具方便了 FPGA 的调试，其可以实时更改 Contant、单口 RAM 及 ROM 中的数值，在某些场合非常实用。使用该工具时必须利用 JTAG，且只支持在线实时修改存储器中的数值。另外使用此工具修改数值时，器件掉电重启以后存储器还是会加载其初始值，除非工程重新更改初始值并重新编译。下面以一个波形发生器的例程来讲解如何使用 In-System Memory Content Editor 工具修改 ROM 表中的数值，例程的原理结构图如图 2.1.52 所示。

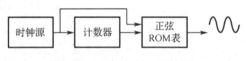

图 2.1.52　例程原理结构图

例程的核心部分为一正弦 ROM 表，在该表中存储了整个周期的正弦波数据，在每个时钟沿计数器的计数值会递增，且计数值作为正弦 ROM 表的地址信号，然后依次输出正弦波形信号。该例程中正弦 ROM 表设置为 8bit，深度为 256。要使用 In-System Memory Content Editor 来在线修改 ROM 表中的数据需要在创建 ROM 时勾选 Allow In-System Memory Content Editor to capture and update content independently of the system clock 复选框，并为该实例对象赋予编号，如图 2.1.53 所示。

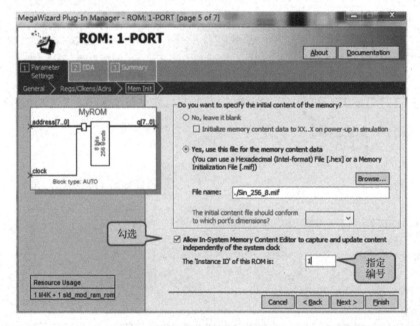

图 2.1.53　ROM 设置

当设计完毕之后，使用 SignalTap II 观察 ROM 表的输出信号，可以看到输出信号的波形是正常的正弦波，如图 2.1.54 所示。

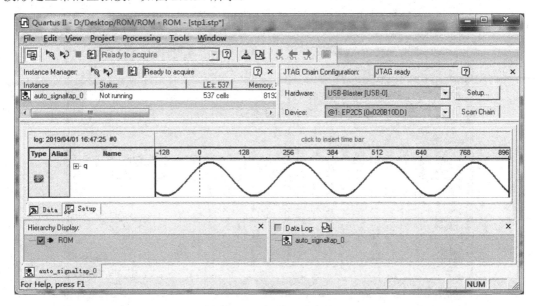

图 2.1.54　例程运行结果

接下来我们使用 In-System Memory Content Editor 来修改 ROM 表中的数据。首先执行菜单栏中的 Tools→In-System Memory Content Editor 命令，打开 In-System Memory Content Editor 对话框，如图 2.1.55 所示。

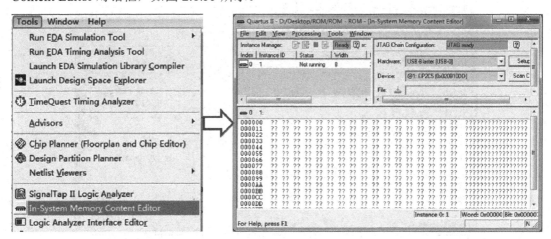

图 2.1.55　打开 In-System Memory Content Editor

可见其中的内容都是"??"，代表工具还没有读取 ROM 表中的数据，选中 Instance Manager 窗口中编号为 1 的实例，即刚才设置的 ROM，然后单击操作界面上的 Read Data form In-System Memory 图标即可读取 ROM 表中的数据并更新到界面中，如图 2.1.56 所示。

若我们想要修改 ROM 表中数据，可以直接在数据窗口中对某个单元的数据进行修改，然后单击操作界面中的 Write Data to In-System Memory 图标即可将修改写入到 ROM 表，如图 2.1.57 所示。然后再观察 SignalTap II 中的运行结果，可以发现 ROM 表中的数据确实进行了相应的更改，如图 2.1.58 所示。

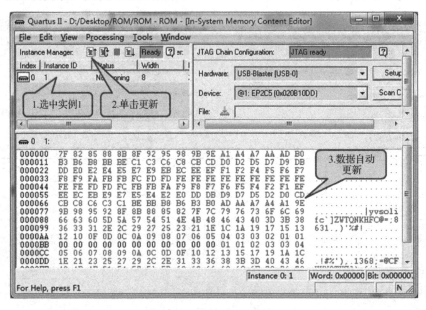

图 2.1.56　读取 ROM 表数据

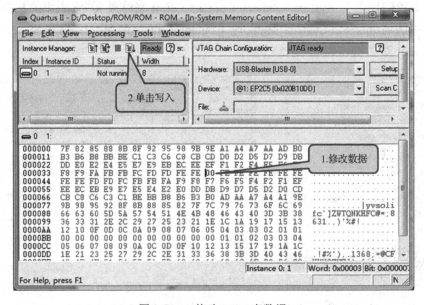

图 2.1.57　修改 ROM 表数据

以上就是利用 In-System Memory Content Editor 对 ROM 表中存储的数据进行读取和修改的简单示例，对于更深入的操作可以参考 Quartus II 的 Handbook。

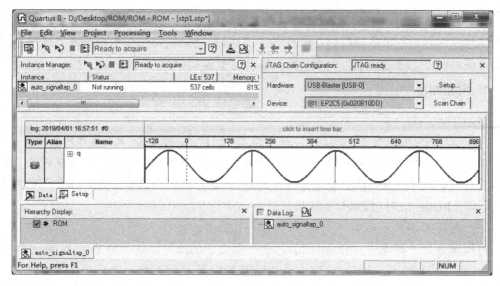

图 2.1.58　修改后的运行结果

2.2　DSE-V 数字电路与系统实验平台介绍

实验平台采用主板加目标板结构，实验主板固定于支架上，并配有 EP2C5 核心目标板（简称目标板），USB-Blaster 驱动。同时，本实验平台的实验板采用双面板工艺，正面印有原理图、符号、文字说明等，使用方便、直观，通用性强。

其主要功能指标如下：

（1）配置模式：5 种，分别为模式 1、模式 2、模式 3、模式 4 和模式 5；

（2）核心目标板插座：52 个端口，供 FPGA/CPLD 核心目标板与实验主板连接；

（3）按键输入：10 位，可配置为电平、十六进制、单脉冲模式；

（4）逻辑电平指示：8 位 LED，高、低电平；

（5）8 位数码管显示：0～F 显示、7 段；

（6）ADC：20Msps，8 位并行 ADC，TLC5510A，单/双极性输入；1Msps，8 位串行 ADC，LTC1196-2B；

（7）DAC：100Msps，10 位并行 DAC，THS5651；

（8）频率计：TTL 电平输入，1Hz～999kHz、3 位数码管显示、等精度测量；

（9）逻辑笔：高电平、低电平、中电平、高阻抗及脉冲；

（10）脉冲信号源：2 路，分别提供 1.0Hz～50MHz，0.5Hz～11.0592MHz 的 32 种频率信号；

（11）电源：电压 5V，电流：400mA；

（12）外形体积：27cm×17.2cm×2.6cm（长×宽×高）。

2.2.1　系统主板使用说明

实验平台由实验主板和 FPGA/CPLD 核心目标板组成，主板上有 FPGA/ CPLD 下载接口、核心目标板插座、按键、数码管、LED 逻辑指示灯，并设有脉冲信号源、频率计、函数信号发生器、逻辑笔等模块；FPGA/CPLD 核心目标板可由用户根据需要选择不同规模的可编程器件，通过核心目标板插座与实验主板连接。

1. 开机自检

（1）在模式 1 下

将按键 0 置于低电平（指示灯灭），进行模式 1 的检测。按键 1~8 分别对应数码管 0~7，每给按键一个上升沿则对应的数码管将该按键获得的上升沿进行累加；按键 9 对 8 个数码管进行置位和清零（第一次置位，第二次清零）。脉冲源频率选择按键 CLK2 可以调节 8 位指示灯 LED0~LED7 流水灯的速度。

（2）在模式 3 下

将按键 0 置于高电平（指示灯亮），进行模式 3 的检测。信号源从 ADC 输入端（见图 2.2.1 标注⑧）接入，从 DAC 输出端（见图 2.2.1 标注⑭）接出并显示在示波器上。将按键 1 置于高电平则示波器上将显示 LTC1196 的波形，将按键 1 置于低电平则示波器上将显示 TLC5510 的波形（若示波器没有显示波形，则表明 TLC5510、LTC1196 接口或 DAC 输出端至少有一个出现故障）。

2. 实验主板结构

图 2.2.1 为 DSE-V 数字电路与系统实验平台实验主板结构图。

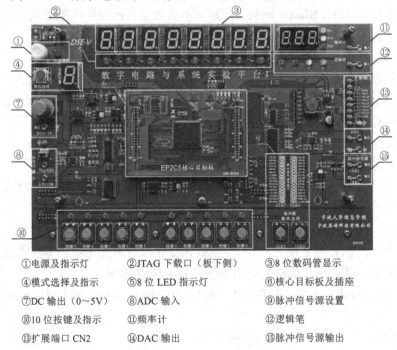

①电源及指示	②JTAG 下载口（板下侧）	③8 位数码管显示
④模式选择及指示	⑤8 位 LED 指示灯	⑥核心目标板及插座
⑦DC 输出（0~5V）	⑧ADC 输入	⑨脉冲信号源设置
⑩10 位按键及指示	⑪频率计	⑫逻辑笔
⑬扩展端口 CN2	⑭DAC 输出	⑮脉冲信号源输出

图 2.2.1　实验主板结构图

3. 核心目标板插座

该插座用于插放 FPGA/CPLD 核心目标板，提供 50 个通用 I/O 供 FPGA/CPLD 核心目标板与其他实验电路连接。目标板标配的器件是 Cyclone II 系列的 EP2C5T144C8，也可以根据需要选择可编程器件，插座引脚图如图 2.2.2 所示。

核心目标板插座分为 CN1_0 和 CN1_1，分别提供在线编程接口 TCK、TDO、TMS、nSTA、TDI；52 个通用 I/O：PIO0～PIO51；2 个时钟脉冲源接口 CLK1、CLK2（与图 2.2.1 标注⑮所示脉冲信号源输出信号相同）。PIOxx 编号所对应的实际芯片引脚请查阅核心目标板使用说明部分。

CN1_0				CN1_1		
TCK	①②		+5V	①②	GND
TDO	○○		CLK4	○○	
TMS	○○		CLK5	○○	
nSTA	○○			○○	
TDI	○○			○○	
PIO0	⑪⑫			⑪⑫	CLK2
	○○	PIO1		○○	CLK1
PIO2	○○	PIO3	PIO50	○○	PIO51
PIO4	○○	PIO5	PIO48	○○	PIO49
PIO6	○○	PIO7	PIO46	○○	PIO47
PIO8	㉑㉒	PIO9	PIO44	㉑㉒	PIO45
PIO10	○○	PIO11	PIO42	○○	PIO43
PIO12	○○	PIO13	PIO40	○○	PIO41
PIO14	○○	PIO15	PIO38	○○	PIO39
PIO16	○○	PIO17	PIO36	○○	PIO37
PIO18	㉛㉜	PIO19	PIO34	㉛㉜	PIO35
PIO20	○○	PIO21	PIO32	○○	PIO33
PIO22	○○	PIO23	PIO30	○○	PIO31
PIO24	○○	PIO25	PIO28	○○	PIO29
GND	㊴㊵	+5V	PIO26	㊴㊵	PIO27

图 2.2.2　核心目标板插座引脚图

4．实验电路结构及适用范围

实验主板主要由核心目标板插座、10 位多功能按键、10 位按键指示灯、8 位七段数码管和 8 位逻辑电平指示灯组成。系统采用了多任务重配置技术，通过选择模式，来改变这些按键、指示灯与目标板插座的连接关系，对用户呈现出不同的电路结构、不同的硬件资源。重配置使系统能迅速调整电路架构，增加系统扩展性。多模式使用户根据不同需求切换各种的实验电路结构形式，完成更多的实验和开发项目。

实验平台具有五种模式，模式 1 适合组合电路实验类型，模式 2 适合时序电路实验类型，模式 3 适合模拟+数字系统实验类型，用户可根据实际需要，通过模式选择键（见图 2.2.1 标注④）进行模式切换。模式结构图中的符号功能如下：

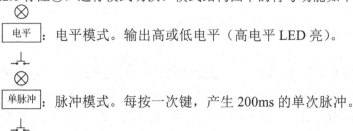

电平：电平模式。输出高或低电平（高电平 LED 亮）。

单脉冲：脉冲模式。每按一次键，产生 200ms 的单次脉冲。

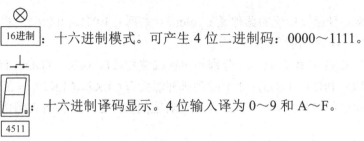

$\boxed{16进制}$：十六进制模式。可产生 4 位二进制码：0000～1111。

：十六进制译码显示。4 位输入译为 0～9 和 A～F。

（1）模式 1

通用模式，电路结构图如图 2.2.3 所示。在此模式下，KEY0～KEY4、KEY7（电平模式）向 PIO0～PIO5 提供逻辑电平，KEY8～KEY9（脉冲模式）向 PIO6～PIO7 提供脉冲信号，信号状态分别显示在按键对应的 LED 上；核心目标板上的 PIO8～PIO15 所输出的信号分别显示在逻辑电平指示灯 LED0～LED7 上，主板上的扩展端口与 PIO8～PIO15 相连，可以通过扩展端口向目标板输送数字信号；PIO16～PIO47 的输出信号分成 8 组，经过译码依次显示在数码管 0～7 上。此模式为通用模式，适用于常用数字逻辑电路，如加/减法器、编码器、译码器、数据选择器、计数器等。

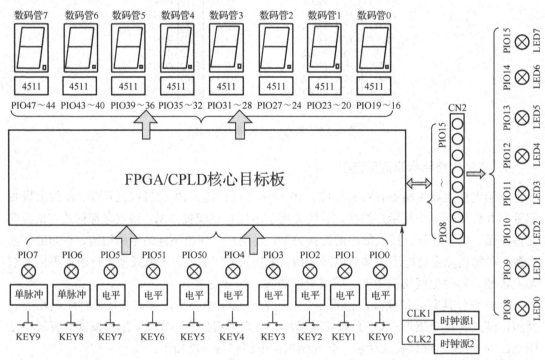

图 2.2.3 模式 1 电路结构图

（2）模式 2

时序电路模式，电路结构如图 2.2.4 所示。在此模式下，KEY0～KEY4（电平模式）向 PIO0～PIO4 提供电平信号，KEY7（脉冲模式）向 PIO5 提供脉冲信号，KEY8、KEY9（十六进制模式）向 PIO6～PIO9 和 PIO10～PIO13 提供两组 4 位二进制数；核心目标板上 PIO17～PIO23 的输出信号分别给数码管 0 的 a、b、c、d、e、f、g 段，高电平时对应段码亮，可用于数码管静态显示实验。PIO14、PIO15、PIO16 与 LED0～LED7 组成了串行数据显示电路，PIO14 为移位脉冲输入，上升沿有效；PIO15 为串行数据输入；PIO16 为清零信号，高电平有效，数据显示在 LED0～LED7 上，高电平时灯亮。此模式配有串行数据显示电路，可方便观测串行信号，适用于常用时序电路，如计数器、移位寄存器、序列检测器等。

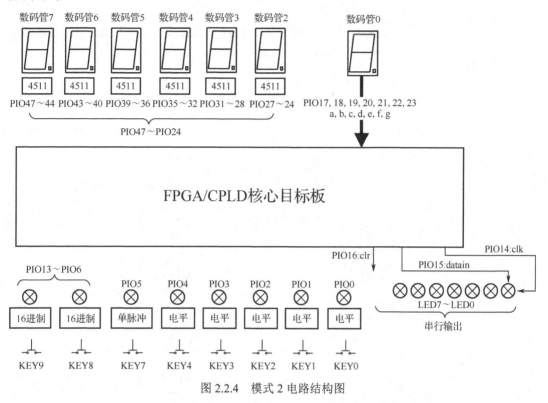

图 2.2.4　模式 2 电路结构图

（3）模式 3

模数混合模式。该模式配有三个可独立使用的 ADC 和 DAC，电路结构如图 2.2.5 所示。在此模式下，KEY0～KEY4（电平模式）向 PIO0～PIO4 提供电平信号，KEY7（脉冲模式）向 PIO5 提供脉冲信号，KEY8、KEY9（十六进制模式）向 PIO6～PIO9、PIO10～PIO13 提供两组 4 位二进制数，并将数据显示在 LED0～LED7 上；PIO36～PIO47 为 DAC 与数码管 5～7 的复用信号，信号由目标板提供直接输给 DAC 和数码管；PIO28～PIO35 分二组将数据给数码管 3 和数码管 4 显示；数码管 0 和数码管 1 为并行 ADC（TLC5510A）的数据专用显示器；PIO48 和 PIO26 分别是并行和串行 ADC 的输出使能和片选信号端；PIO15 和 PIO25 是 ADC 的时钟信号。

其中，ADC1 是采样率最高为 20MHz 的 8 位并行高速 ADC（TLC5510A），可编程芯片的 PIO48 输出信号控制 ADC1 的输出使能信号；PIO15 为转换时钟信号 CLK；AD 转换结果送至 PIO16～PIO23，显示在数码管 0 和数码管 1 上。ADC1 的模拟信号输入端配有信号极性选择开关（见图 2.2.1 标注⑧），开关置于左侧时，输入信号范围为 0～5V，置于右侧时，信号输入范围为-2.5V～+2.5V。

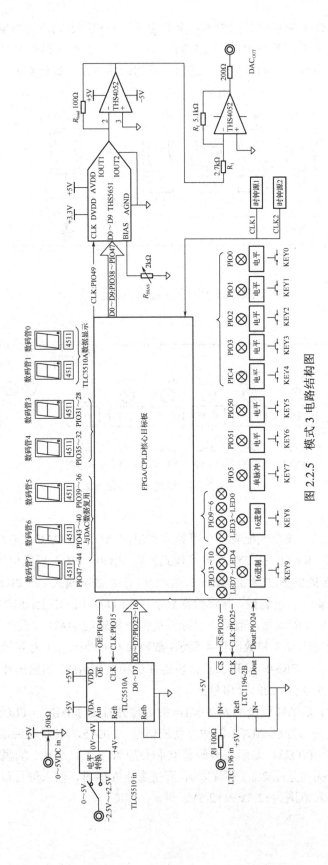

图 2.2.5 模式 3 电路结构图

TLC5510A 是 CMOS、8 位并行、低功耗模/数转换器，单电源 5V 供电，最大转换速率 20Msps，内含采样和保持电路，具有高阻抗的并行接口和内部基准电阻，转换数据的等待时间为 2.5 个时钟。该 A/D 转换器速度快，精度高，可用于高速模/数转换的场合。其引脚图如图 2.2.6 所示，引脚说明如表 2.2.1 所示。

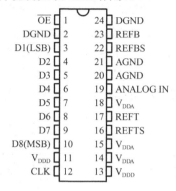

图 2.2.6　TLC5510A 引脚图

表 2.2.1　TLC5510A 引脚说明

引 脚 名 称	引 脚 编 号	功 能 描 述
AGND	20、21	模拟地
ANALOG IN	19	模拟信号输入
CLK	12	时钟输入
D1～D8	3～10	数字转换结果输出
$\overline{OE}$	1	输出使能信号，当 $\overline{OE}$ =0 时，输出使能
V_{DDA}	14、15、18	模拟电源
V_{DDD}	11、13	数字电源
REFB	23	模拟下限参考
REFBS	22	TLC5510A 此端接地
REFT	17	模拟上限参考
REFTS	16	TLC5510A 此端接 V_{DDA}

TLC5510A 工作时序图如图 2.2.7 所示，可以看出，N 时刻输入电压在第一个 CLK 的下降沿被采样，经过 2.5 个时钟周期，在第四个时钟的输出，即信号从被采集到输出共需 2.5 个时钟周期。编程时可以在每个时钟周期的下降沿读取转换好的数据。

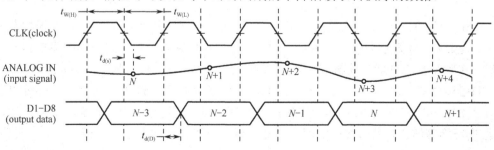

图 2.2.7　TLC5510A 工作时序图

转换关系为：

$$DATA = \frac{255 \times V_{in}}{5V}$$

ADC2 是采样率最高为 1MHz 的 8 位串行 LTC1196，可编程器件的 PIO28 提供控制该 ADC 片选 $\overline{CS}$ 的信号；PIO25 为转换时钟信号 CLK，串行转换结果由 PIO24 输出。ADC2 的输入模拟信号在实验平台的左侧，允许输入 0～5V 的信号。

LTC1196-2B 是 8 位、1Msps、3 线高速串行低功耗 A/D 转换器。供电电压 3～6V，模拟信号输入范围 0～5V。内含采样和保持电路，具有高阻抗方式的串行接口，完成一次转换需要 12 个时钟周期，其引脚图和时序图分别如图 2.2.8 和图 2.2.9 所示，引脚说明如表 2.2.2 所示。

图 2.2.8　LTC1196 引脚图

表 2.2.2　LTC1196-2B 引脚说明

引 脚 名 称	引 脚 编 号	功 能 描 述
$\overline{CS}$	1	片选，低有效
+IN，−IN	2、3	模拟输入端
GND	4	模拟/数字地
CLK	7	时钟
D_{OUT}	6	数字转换输出
V_{REF}	5	参考电压

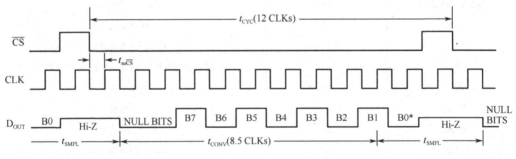

图 2.2.9　LTC1196-2B 时序图

从时序图可以知道：采样时间 t_{SMPL} 至少为 2.5 个时钟周期，单次转换时间不少于 12 个时钟周期；片选下降沿离上一 CLK 上升沿至少 13ns（保持时间），离下一 CLK 上升沿至少 26ns（建立时间）；时钟频率 f_{CLK} 不高于 12MHz。转换关系为

$$DATA = \frac{255 \times V_{in}}{5V}$$

DAC 采用 THS5651，它是转换率为 100MHz 的 10 位并行高速 DAC，可编程器件的 PIO49 为 DAC 提供时钟信号；PIO38～PIO47 为 DAC 输入数据；转换后的模拟信号输出端口在实验平台的右侧（见图 2.2.1 标注⑭）。

THS5651 是 CMOS、10 位并行、100Msps 数/模转换器，5V 单电源供电，差分电流输出可达 20mA，该 DAC 转换器速度快，精度高，可广泛适用于有线和无线信号发送，高速数/模转换等场合。其引脚图如图 2.2.10 所示，引脚说明如表 2.2.3 所示。

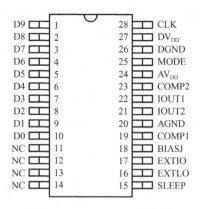

图 2.2.10　THS5651 引脚图

表 2.2.3　THS5651 引脚说明

引 脚 名 称	引 脚 编 号	功 能 描 述
AGND	20	模拟地
AV$_{DD}$	24	模拟电源
CLK	28	外部时钟输入，输入数据上升沿锁存信号
COMP1	19	补偿去耦端
COMP2	23	内部偏置端
D0～D9	10～1	数字信号输入
DGND	26	数字地
DV$_{DD}$	27	数字电源
EXTIO	17	如用内部参考电压，接地
EXTLO	16	内部参考电压地
IOUT1	22	DAC 电流输出
IOUT2	21	DAC 电流输出（与 IOUT1 互补）
MODE	25	D/A 工作模式选择
SLEEP	15	休眠使能

其工作时序图如图 2.2.11 所示，可以看到在 CLK 的上升沿锁存数字信号，在下一个时钟将转换好的模拟信号输出。按实验平台电路接法，D/A 转换关系为：

$$V_{\text{OUT}} = \frac{\text{CODE}}{1024} \times \frac{1.2\text{V}}{R_{\text{BIAS}}} \times R_{\text{load}} \times \frac{R_{\text{f}}}{R_{\text{1}}}$$

$$= 227 \times \frac{\text{CODE}}{1024} \times \frac{1.2\text{V}}{R_{\text{BIAS}}}$$

在模式 3 下，ADC 和 DAC 均可单独使用，适用于模数混合电子系统设计实验，如数据采集、波形产生、采集与回放等。

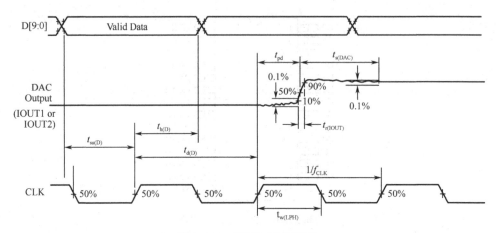

图 2.2.11 THS5651 时序图

（4）模式 4

ADC 模式。该模式配有二个可独立使用的 ADC，电路结构如图 2.2.12 所示。在此模式下，KEY0～KEY4 和 KEY7（电平模式）向 PIO0～PIO5 提供电平信号，KEY8～KEY9（脉冲模式）向 PIO6～PIO7 提供脉冲信号；PIO8～PIO15 将数据显示在 LED0～LED7 上；PIO28～PIO47 分五组将数据给数码管 3～7 显示；数码管 0 和数码管 1 为并行 ADC——TLC5510A 的数据专用显示器。

（5）模式 5

DAC 模式。该模式配有一个 DAC，电路结构如图 2.2.13 所示。在此模式下，KEY0～KEY4（电平模式）向 PIO0～PIO4 提供电平信号，KEY7（脉冲模式）向 PIO5 提供脉冲信号，KEY8～KEY9（十六进制模式）向 PIO6～PIO9、PIO10～PIO13 提供两组 4 位二进制数，并将数据显示在 LED0～LED7 上；PIO36～PIO47 为 DAC 与数码管 5～7 的复用信号，信号由目标板提供直接输给 DAC 和数码管；PIO16～PIO35 分五组将数据给数码管 0～4 显示。

5. 功能模块

实验平台上配备了丰富的功能模块，如频率计、逻辑笔、双路脉冲信号源等，极大地减少了外部设备的使用。下面逐一介绍各模块的使用方法及注意事项。

逻辑笔：实验平台提供 TTL/CMOS 电平兼容的逻辑笔，见图 2.2.1 的标注⑫，用 LED 灯分别指示高电平、中电平、低电平、高阻抗。当输入信号为连续脉冲时，高/低电平指示灯交替亮。逻辑笔功能表如表 2.2.4 所示。

双路脉冲信号源：提供两组 16 档不同频率时钟脉冲信号源，它们分别由 50MHz 和 11.0592MHz 晶振分频得到。输出频率由频率选择按键切换（见图 2.2.1 的标注⑨），输出频率由 LED 灯指示。脉冲信号分别输出到图 2.2.1 的标注⑮端口和目标板插座 CLK1、CLK2 端口。输出频率详见表 2.2.5。

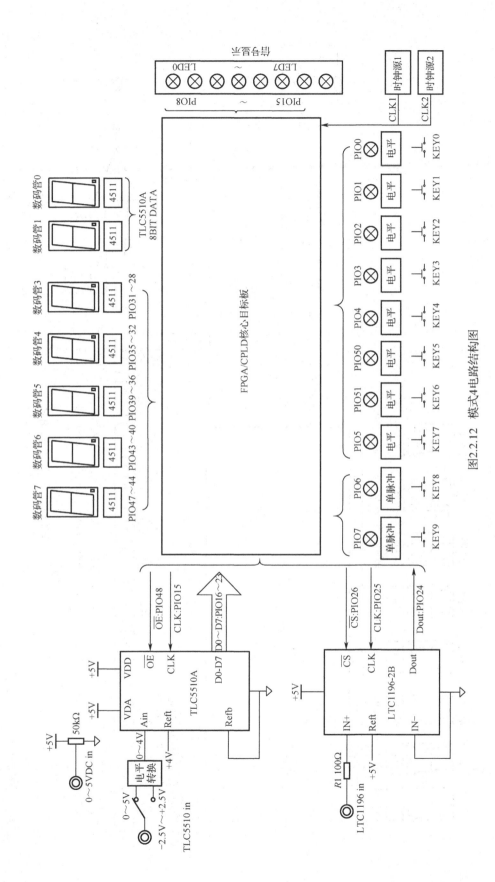

图2.2.12 模式4电路结构图

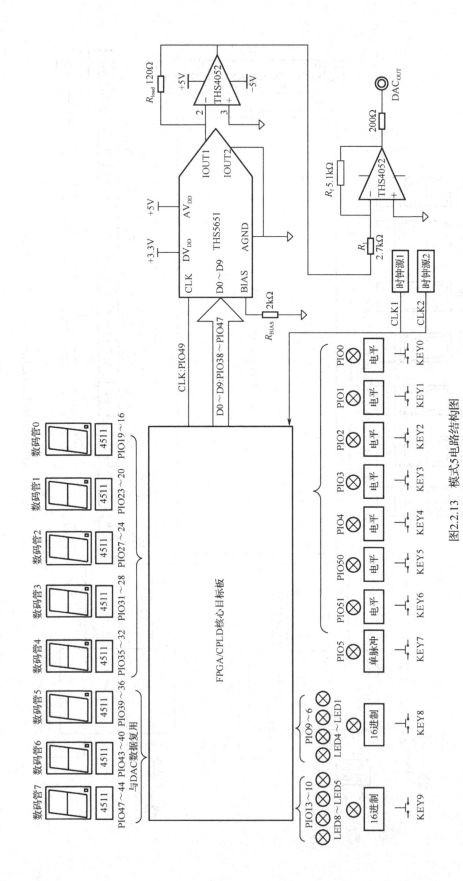

图2.2.13 模式5电路结构图

表 2.2.4 逻辑笔功能表	
逻辑状态	输入信号
高电平（绿）	≥2.5V
中电平（黄）	0.5V～2.5V
低电平（红）	≤0.5V
高阻抗（蓝）	悬空/高阻
红绿交替	脉冲≤2kHz

表 2.2.5 脉冲信号频率

CLK1（Hz）	CLK2（Hz）
1	0.5
5	1
10	2
50	4
100	8
500	16
1k	32
5k	64
10k	128
50k	256
100k	512
500k	1024
1M	2048
5M	4096
10M	16384
50M	11.0592M

频率计：采用准全同步频率测量法，提供 1Hz～10MHz 范围等精度频率测量，测频全局相对误差为 0.1%，频率分辨率优于 1Hz，兼容 TTL 电平信号。使用频率计时，被测信号输入端位于图 2.2.1 标注⑨处，测量结果显示在图 2.2.1 标注⑪的 3 位数码管上。

2.2.2 EP2C5 核心目标板使用说明

DSE-V 数字电路与系统实验平台配有 CycloneII EP2C5 核心目标板（见图 2.2.14）。该目标板以 Altera 公司的 EP2C5T144C8（FPGA）为核心芯片，片内有 LE 4608 个，M4K RAM 26 个，锁相环 2 个，乘法器模块 13 个。目标板上设有配置芯片（EPCS1）、核心目标板插槽（A、B）、JTAG 下载调试口、AS 下载口、有源晶振（晶振的频率显示在右上侧 LED 上）、高频信号输入端口（PIN21、PIN4）等，如图 2.2.15 所示。目标板既可与实验主板配套使用，也可单独使用，单独使用时只需提供 5V 电源，1.2V 内核电源、3.3V I/O 电源由 5V 变换得到。目标板的 I/O 口均已连接 100Ω 限流电阻，单独使用时应防止 I/O 口过流。

1. 引脚说明

EP2C5 目标板插槽（A、B）与实验主板的目标板插座匹配，目标板引脚图见图 2.2.16，与芯片引脚对应关系见表 2.2.6。

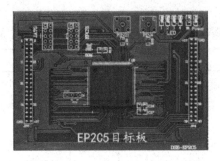

图 2.2.14　EP2C5 目标板实物图

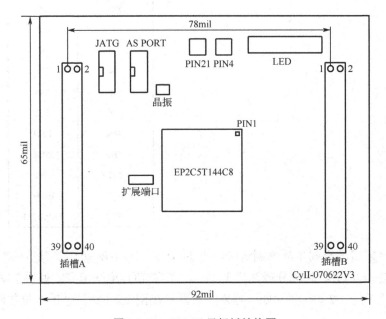

图 2.2.15　EP2C5 目标板结构图

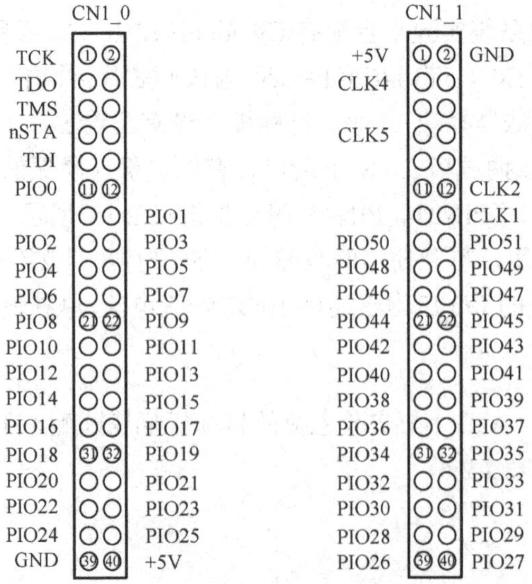

图 2.2.16　EP2C5 目标板引脚图

表 2.2.6 信号名与芯片引脚对应表

信 号 名	引 脚 号	信 号 名	引 脚 号	信 号 名	引 脚 号
PIO0	25	PIO19	70	PIO38	122
PIO1	26	PIO20	71	PIO39	125
PIO2	27	PIO21	72	PIO40	126
PIO3	30	PIO22	74	PIO41	129
PIO4	42	PIO23	80	PIO42	133
PIO5	43	PIO24	81	PIO43	134
PIO6	44	PIO25	86	PIO44	135
PIO7	45	PIO26	92	PIO45	137
PIO8	48	PIO27	94	PIO46	139
PIO9	52	PIO28	96	PIO47	141
PIO10	53	PIO29	97	PIO48	144
PIO11	55	PIO30	100	PIO49	9
PIO12	57	PIO31	101	PIO50	120
PIO13	58	PIO32	112	PIO51	119
PIO14	59	PIO33	113	CLK1	91
PIO15	60	PIO34	114	CLK2	90
PIO16	65	PIO35	115	OnBoardClk	17
PIO17	67	PIO36	118		
PIO18	69	PIO37	121		

2. 下载说明

EP2C5 目标板支持 JTAG、AS 两种下载模式。

JTAG 下载模式既可以对 FPGA 配置，也可以对 FPGA 在线调试。该模式下，将编译生成的 SOF 文件直接下载至 FPGA 的 SRAM 中，具有掉电易失性。

AS 下载模式是将编译生成的 PDF 文件下载到配置存储器中，上电后由配置存储器对 FPGA 进行配置。由于目标板采用 EPCS1 配置存储器（Flash，1Mb），在对 EP2C5 配置时需进行数据压缩处理。下载时需对 Quartus II 做如下设置。

● 执行 Assigments→Deivce 命令，单击 Device&Pin Option...按钮（见图 2.2.17）；
● 在图 2.2.18 中进行相应设置（共 3 处），其余选项为默认，用户不要随意改动。

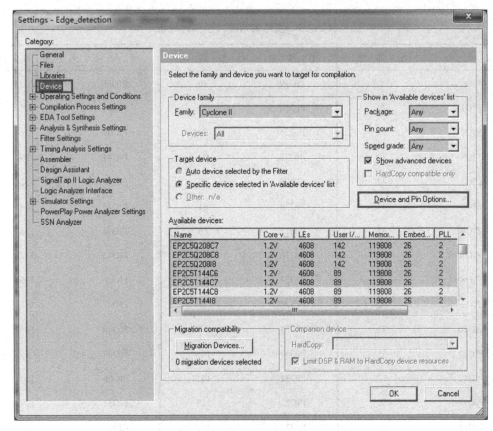

图 2.2.17　Quartus II 设置图

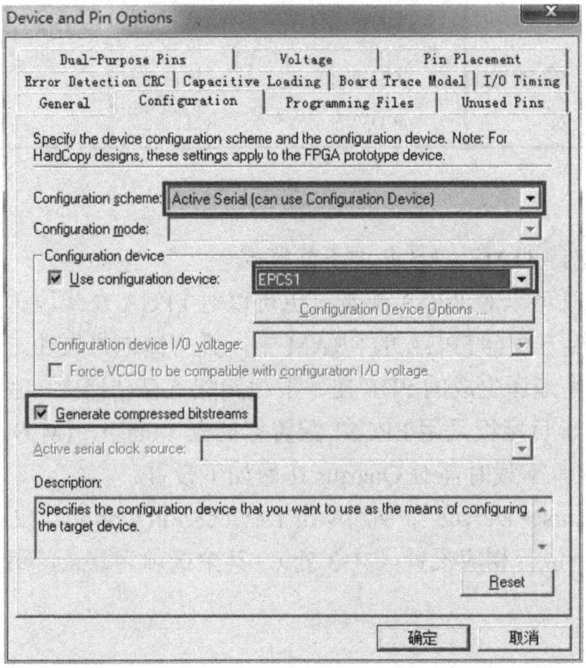

图 2.2.18　Quartus II 设置图

2.3　自助实验板

为了训练学生使用中小规模数字 IC 的能力，DSE-V 数字电路与系统实验平台还配备了用于接线实验的自助实验板，在进行用中小规模 IC 搭接的实验时，仅用自助实验板便可完成。

自助实验板包含了 5 个 IC 锁紧插座、若干电容电阻、电位器等常用元器件的实验电路板。图 2.3.1 为自助实验板平面视图。

利用此实验板可完成用中小规模 IC 搭接的相关实验，如门电路 I/O 特性测量、脉冲电路、专用芯片应用、故障诊断等，也可与可编程器件配合使用，完成综合设计型实验。

CN（见图 2.3.1）是 8 位逻辑电平显示接口，输入的逻辑电平显示在其上方的 LED 灯上。左边四个端口的数据同时显示在数码管 1 上，右边四个端口的数据显示在数码管 2 上，输入数据与数码管显示的对应关系如表 2.3.1 所示。

表 2.3.1　端口电平与数码管对应关系

端口电平（DCBA）	数码管显示
0000	0
0001	1
0010	2
0011	3
0100	4
0101	5
0110	6
0111	7
1000	8
1001	9
1010	A
1011	B
1100	C
1101	D
1110	E
1111	F

按键 0～按键 5：逻辑电平控制按键；

按键 6、按键 7：脉冲电平触发按键。

按键 0～按键 7 的电平由其上方的接口输出，并用 LED 指示，指示灯亮为高电平，指示灯灭为低电平。

注意：自助实验板采用自锁紧式插座、插孔和专用接插线，连接牢固可靠，拔出时请勿用力拉拔导线以免损坏，实验中如需更改接线或元器件，应先关闭电源。请勿将连接线与其他焊点或插孔短接，以免损坏电路。

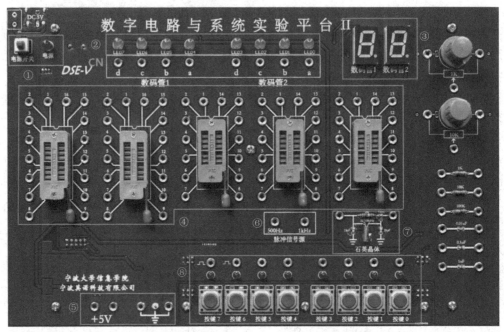

①电源及指示灯　　　　　　②8 位 LED 指示灯　　　　　　③8 位数码管显示
④锁紧插座　　　　　　　　⑤5V 电压端口与接地端口　　　⑥脉冲信号源
⑦石英晶体　　　　　　　　⑧8 位按键及指示灯与显示端口

图 2.3.1　自助实验板

第3章　数字电路实验

3.1　EDA 工具软件的使用

1．实验目的

（1）初步掌握软件的使用方法；

（2）初步掌握设计电路的图形输入法。

2．实验设备与元器件

（1）计算机　　　　　　　　　　　　　　1 台

（2）Quartus II 软件　　　　　　　　　　1 套

3．实验内容

利用图形输入法，输入、仿真简单逻辑电路，以掌握软件的使用方法。

（1）采用与、或、非门，设计异或门，仿真其功能并与理论值比较；

（2）采用与、或、非门，设计组合电路 F，仿真其功能并与理论值比较。

4．预习要求

（1）预习 Quartus II 的设计流程；

（2）熟悉逻辑表达式的基本化简方法。

5．实验原理

（1）异或门的逻辑表达式为

$$F = A \oplus B = A\bar{B} + \bar{A}B$$

（2）组合电路 F 的逻辑表达式为

$$F = \overline{\overline{AC + BC} + B(A\bar{C} + \bar{A}C)}$$

6．实验报告要求

（1）写出设计的全过程，画出电路原理图，描绘出基本仿真结果；

（2）总结实验收获和体会。

3.2　DSE-V 实验平台的使用

1．实验目的

（1）进一步掌握软件的使用；

（2）熟悉实验箱的使用；

（3）初步掌握设计电路的文本输入法。

2．实验设备与元器件

（1）DSE-V 数字电路实验平台　　　　　　1 台
（2）计算机　　　　　　　　　　　　　　1 台
（3）Quartus II 软件　　　　　　　　　　1 套

3．实验内容

利用文本输入法，输入、仿真并下载实现简单逻辑电路的功能，以掌握软件的使用方法。

（1）设计一个一位半加器，仿真其功能；
（2）设计一个一位二进制全加器，仿真其功能；
（3）将上述两个电路下载到芯片实现其功能。

4．预习要求

（1）预习 DSE-V 实验平台的基本使用方法；
（2）复习半加器和全加器的电路原理。

5．实验原理

（1）一位半加器

一位"被加数"与"加数"相加，产生"本位和"及向高位的"进位"。

该电路有 2 个输入，2 个输出。设"被加数"，"加数"分别为 A 和 B；"本位和"与向高位的"进位"分别为 S_H 和 C_H。真值表和电路逻辑图如表 3.2.1 与图 3.2.1 所示。

表 3.2.1　一位半加器真值表

A	B	S_H	C_H
0	0	0	0
0	1	1	0
1	0	1	0
1	1	0	1

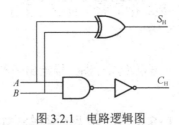

图 3.2.1　电路逻辑图

（2）一位二进制全加器

一位"被加数"与"加数"及低位送来的"进位"相加，产生"本位和"及向高位的"进位"。该电路有 3 个输入，2 个输出。

设"被加数"，"加数"和低位送来的"进位"分别为 A_i，B_i，C_{i-1}，"本位和"与向高位的"进位"分别为 S_i，C_i。真值表如表 3.2.2 所示。

表 3.2.2　二进制全加器真值表

A_i	B_i	C_{i-1}	S_i	C_i
0	0	0	0	0
0	0	1	1	0
0	1	0	1	0
0	1	1	0	1
1	0	0	1	0
1	0	1	0	1
1	1	0	0	1
1	1	1	1	1

6. 实验报告要求

写出设计的全过程，画出电路原理图，描绘出基本仿真结果；列出用 Quartus II 从设计到下载的一般流程，并总结实验收获和体会。

3.3　三态门和 OC 门的研究

1. 实验目的

（1）了解负载电阻 R_L 对集电极开路门工作状态的影响；

（2）掌握集电极开路门的使用方法；

（3）掌握三态门的 HDL 设计和使用。

2. 实验设备与元器件

（1）DSE-V 数字电路实验平台　　　　　1 台

（2）数字万用表　　　　　　　　　　　1 块

（3）计算机　　　　　　　　　　　　　1 台

（4）Quartus II 软件　　　　　　　　　1 套

（5）元器件：

74LS01	1 片	74LS00	1 片
电阻	若干	变阻器	1 个

3. 实验内容

（1）实现 OC 门的线与功能：

① 用四个 OC 门线与，驱动四个与非门；

② 计算负载电阻 R_L；

③ 在该阻值条件下，测量 V_{OH} 与 V_{OL}。

（2）用 HDL 设计三态门并仿真验证，三态门的逻辑功能为：

① EN=1 时，$F=A$；

② EN=0 时，$F=Z$（高阻）；

③ 依据仿真波形，列出三态门的真值表。

（3）设计一个选通电路，并下载测试：

选通电路可以用两个三态门和一个非门构成；电路功能：$C=0$ 时 $F=A$，$C=1$ 时 $F=B$；下载到实验箱上，测试电路功能，写出真值表。

4. 预习要求

预习三态门和 OC 门的基本原理。

5. 实验原理

（1）集电极开路门（OC 门）

集电极开路门是将推拉式输出改为三极管集电极开路输出的特殊 TTL 电路，它允许把两个或两个以上 OC 门电路的输出端连接起来以完成一定的逻辑功能。其逻辑符号如图 3.3.1 所示。

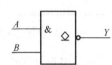

OC 门共用一个集电极负载电阻 R_L 和电源 V_{CC}，从而可将 n 个 OC 门的输出端并联使用，使 n 个 OC 门输出相线与，从而完成与或非的逻辑功能。

图 3.3.1　OC 门逻辑符号

假定将 n 个 OC 门输出端并联去驱动 m 个 TTL 与非门，则负载 R_L 可根据 OC 门数目 n 与负载 TTL 与非门的数目 m 进行选择。为保证输出的高、低电平符合所在数字系统的要求，对外接集电极负载电阻 R_L 的数值选择范围为：

$$R_{Lmax} = \frac{V'_{CC} - V_{OH}}{nI_{OH} + mI_{IH}}, \quad R_{Lmin} = \frac{V'_{CC} - V_{OL}}{I_{LM} - m'|I_{IL}|}, \quad R_{Lmin} \leq R_L \leq R_{Lmax}$$

式中，I_{OH}——OC 门输出管截止时的漏电流；

I_{LM}——OC 门所允许的最大负载电流；

I_{IH}——负载门的高电平输入电流；

I_{IL}——负载门的低电平输入电流；

V'_{CC}——负载电阻所接的外电源电压；

n——线与输出的 OC 门个数；

m'——负载门的个数；

m——接入电路的负载门输入端的总个数。

本实验中 74LS01（OC 与非门）的电特性如表 3.3.1 所示。

表 3.3.1　74LS01 的电特性

参　　数	7401			74LS01			单　位
	Min	Typ	Max	Min	Typ	Max	
V_{CC}	4.75	5.0	5.25	4.5	5.0	5.5	V
V_{IK}			−1.5			−1.5	V
V_{OH}			5.5			5.5	V
V_{OL}		0.2	0.4		0.35	0.5	V
I_{OH}			0.25			0.1	mA

参　　数	7401			74LS01			单　位
	Min	Typ	Max	Min	Typ	Max	
$I_{OL}(I_{LM})$			16			8	mA
I_{IH}			40			20	uA
I_{IL}			-1.6			-0.4	mA

（2）三态门（TSL 门）

三态门也是一种能实现线与连接的门电路。它除了通常的高电平和低电平两种输出状态，还有第三种输出状态——高阻态。处于高阻态时，电路与负载之间相当于开路，它的逻辑符号如图 3.3.2 所示。

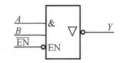

图 3.3.2　三态门逻辑符号

当控制端 $\overline{EN}$ =0 时，$Y=AB$；$\overline{EN}$ =1 时，Y 输出呈高阻状态。

6．实验报告要求

整理实验结果，按要求画出相关电路图、真值表、波形图。

3.4　用 SSI 设计组合逻辑电路

1．实验目的

（1）掌握用 SSI 设计组合电路的方法；
（2）掌握组合电路逻辑功能的测试方法；
（3）学会数字电路的合理布线和简单故障检测方法。

2．实验设备与元器件

（1）DSE-V 数字电路实验平台　　　　　1 台
（2）元器件
74LS00　　　　　　　　　　　　　　2 片
74LS20　　　　　　　　　　　　　　2 片

3．实验内容

用 SSI 设计表决电路、报警电路等。

（1）表决电路
① 采用 74LS00 设计；
② 4 人无弃权表决（多数赞成则提案通过）。

（2）报警电路

① 采用 74LS20 设计；

② 该电路有 4 位密码 A_1、A_2、A_3、A_4 输入和一个开启信号 E 输入；一个报警输出 Z 和一个开启状态输出 F；

③ 电路开启（$E=1$）时，如果输入的 4 位密码不正确（自定义，如 1011），电路将发出报警信号（$Z=1$），输出状态 $F=0$；若密码正确，则 $F=1$，$Z=0$；若电路未开启，则 $Z=F=0$。

4．预习要求

（1）预习 74LS00、74LS20 的电路原理、引脚排布及功能真值表；

（2）对实验内容进行电路预设计，拟定实验线路和记录表格。

5．实验原理

组合逻辑电路是最常见的逻辑电路之一，其特点是在任何时刻电路的输出信号，仅取决于该时刻的输入信号，而与信号作用前电路所处的状态无关。

（1）组号逻辑电路的设计步骤

组合逻辑电路的设计步骤如图 3.4.1 所示。

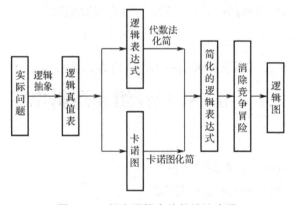

图 3.4.1　组合逻辑电路的设计步骤

① 根据任务要求列出真值表，根据真值表写出逻辑表达式，利用卡诺图代数法进行化简，得出最简的逻辑函数表达式。

② 选用标准器件实现所得出的逻辑函数，逻辑化简是组合逻辑电路设计的关键步骤之一，但最简设计不一定最佳。因为在实际使用的电路中，要考虑电路的工作速度、稳定性、可靠性及逻辑关系的清晰度。所以，一般来说，应在保证上述条件的前提下，使电路设计最简，成本最低。

（2）组合逻辑电路的冒险

① 冒险产生的原因

组合逻辑电路的设计都是在理想情况下进行的，而在实际电路中，信号通过连线及门电路都有一定的延迟，输入信号的变化也需要一个过渡时间，多个输入信号发生变化时，可能也有先后快慢的差异。因此，在理想情况下设计的组合逻辑电路，受上述因素影响后，可能在输入信号变化的瞬间，在输出端产生一些不正确的尖峰信号，这种情况称为电路的冒险。根据所产生毛刺极性的不同，冒险现象分为以下两种。

"0"型冒险：输出为负向毛刺。输出函数出现 $Y = \overline{A} + A$ 时，在输入信号发生跳变的过程中，由于信号通过门电路的时间延迟，输出会产生"0"型冒险。

"1"型冒险：输出为正向毛刺。输出函数出现 $Y = \overline{A} \cdot A$ 时，函数会产生"1"型冒险。

② 消除冒险的方法

A．修改逻辑设计，实质是增加冗余项。例如

$$Y = \overline{A} + A = \overline{A} + A + 1$$
$$Y = \overline{A} \cdot A = \overline{A} \cdot A \cdot 0$$

B．输出端增加滤波电路，滤除毛刺。例如，可以在输出端增加一个积分器，消除毛刺。

C．增加选通电路。由于冒险现象仅发生在输入信号变化转换的瞬间，因此采用选通电路错开输入信号发生转换的瞬间，可有效消除各种冒险现象。

6．实验报告要求

（1）对实验内容进行设计，写出实验设计流程，画出真值表、卡诺图；化简逻辑表达式和电路图，记录实验结果；

（2）对冒险现象进行讨论。

3.5 MSI 组合电路的 HDL 设计

1．实验目的

（1）继续熟悉实验箱的使用；

（2）掌握用 HDL 语言设计 MSI 组合电路的方法。

2．实验设备与元器件

（1）DSE-V 数字电路实验平台　　　　　　1 台
（2）计算机　　　　　　　　　　　　　　1 台
（3）Quartus II 软件　　　　　　　　　　1 套

3．实验内容

用 Verilog HDL 设计：3 线-8 线译码器、显示译码器、4 选 1 数据选择器。

（1）3 线-8 线译码器

① 8 个输出在实验箱上用 8 个 LED 发光二极管表示；

② 3 个输入连接实验箱上的 3 个按钮；

③ 附加 1 个片选使能端。

（2）显示译码器

① 输入为 4 位 BCD 码；

② 输出驱动一个 7 段共阴极数码管；

③ 附加 1 个片选使能端。

（3）4 选 1 数据选择器

① 4 个数据输入端（ D_3 , D_2 , D_1 , D_0 ）和 2 个数据选择输入端（ A_1 , A_0 ），一个数据输出端（ Y ）；

② 附加 1 个片选使能端。

4．预习要求

（1）自拟各实验记录用的数据表格及逻辑电平记录表格；

（2）熟悉数据选择器设计组合逻辑的方法。

5．实验原理

（1）3 线-8 线译码器

3 线-8 线译码器真值表如表 3.5.1 所示。

表 3.5.1　3 线-8 线译码器真值表

EN	A_2	A_1	A_0	Y_7	Y_6	Y_5	Y_4	Y_3	Y_2	Y_1	Y_0
0	X	X	X	1	1	1	1	1	1	1	1
1	0	0	0	1	1	1	1	1	1	1	0
1	0	0	1	1	1	1	1	1	1	0	1
1	0	1	0	1	1	1	1	1	0	1	1
1	0	1	1	1	1	1	1	0	1	1	1
1	1	0	0	1	1	1	0	1	1	1	1
1	1	0	1	1	1	0	1	1	1	1	1
1	1	1	0	1	0	1	1	1	1	1	1
1	1	1	1	0	1	1	1	1	1	1	1

（2）显示译码器

4-7 段显示译码器真值表如表 3.5.2 所示。

表 3.5.2　4-7 段显示译码器真值表

A	B	C	D	g	f	e	d	c	b	a
0	0	0	0	0	1	1	1	1	1	1
0	0	0	1	0	0	0	0	1	1	1
0	0	1	0	1	0	1	1	0	1	1
0	0	1	1	1	0	0	1	1	1	1
0	1	0	0	1	1	0	0	1	1	0
0	1	0	1	1	1	0	1	1	0	1
0	1	1	0	1	1	1	1	1	0	0
0	1	1	1	0	0	0	0	1	1	1
1	0	0	0	1	1	1	1	1	1	1
1	0	0	1	1	1	0	0	1	1	1

（3）4 选 1 数据选择器

4 选 1 数据选择器功能真值表如表 3.5.3 所示。

表 3.5.3　4 选 1 数据选择器功能真值表

EN	A_1	A_0	Y
1	X	X	0
0	0	0	D_0
0	0	1	D_1
0	1	0	D_2
0	1	1	D_3

6．实验报告要求

写出设计全过程，画出接线图，进行逻辑功能测试；总结实验收获和体会。

3.6　用 MSI 设计组合逻辑电路

1．实验目的

（1）掌握用 MSI 设计组合电路的方法；
（2）掌握数据选择器、译码器等 MSI 的逻辑功能和使用方法。

2．实验设备与元器件

（1）DSE-V 数字电路实验平台　　　　　1 台
（2）计算机　　　　　　　　　　　　　1 台
（3）Quartus II 软件　　　　　　　　　1 套

3．实验内容

采用图形输入方法和 MSI 设计：输血血型验证、单"1"检测器等电路。

（1）输血血型验证

① 用 74LS153 和 74LS00 设计；

② 4 输入，1 输出；

③ 当受血者和输血者血型匹配时，指示灯亮；否则，指示灯不亮。

（2）单"1"检测器

① 以 74LS138 为核心设计；

② 当输入的三位二进制代码 X_2，X_1，X_0 中总共只有一个"1"时，输出指示位"1"，否则指示为"0"。

4．预习要求

预习 74LS153 的电路原理与引脚排布。

5. 实验原理

（1）双 4 选 1 数据选择器 74LS153

74LS153 是数据选择器，又叫多路选择器。在地址码（或选择控制端）的控制下，将多个数据源输入的数据有选择地送到公共输出通道，可实现多通道数据传输。74LS153 的详细引脚图和逻辑功能表参见附录 B。

（2）集成 3 线-8 线译码器 74LS138

74LS138 是集成 3 线-8 线译码器，除 3 线到 8 线的基本译码输入、输出端外，为便于扩展成更多位的译码电路和实现数据分配功能，74LS138 还有 3 个输入使能端。只有在所有使能端都为有效电平（100）时，74LS138 才对输入端进行译码。74LS138 的详细引脚图和功能表参见附录 B。

（3）血型匹配电路说明

人类有四种基本血型：A、B、AB、和 O 型。输血者和受血者的血型必须符合下述规则：O 型血可以输给任意血型的人，但 O 型血的人只能接受 O 型的血；AB 型血只能输给AB 型血的人，但 AB 型血的人能接受所有血型的血……血型关系的示意图如图 3.6.1 所示。

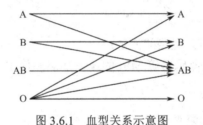

图 3.6.1　血型关系示意图

设计思路：设 A 型为 00，B 型为 01，AB 型为 10，O 型为 11，输血者为 X，受血者为 Y，匹配结果为 Z；若匹配，则 $Z=1$，否则 $Z=0$；按血型关系填写真值表 3.6.1。

表 3.6.1　血型匹配电路真值表

X_1	X_0	Y_1	Y_0	Z
0	0	0	0	
0	0	0	1	
0	0	1	0	
0	0	1	1	
0	1	0	0	
0	1	0	1	
0	1	1	0	
0	1	1	1	
1	0	0	0	
1	0	0	1	
1	0	1	0	
1	0	1	1	

X_1	X_0	Y_1	Y_0	Z
1	1	0	0	
1	1	0	1	
1	1	1	0	
1	1	1	1	

6．实验报告要求

写出设计全过程，写出化简后的逻辑表达式，画出接线图，进行逻辑功能测试，记录实验结果；总结实验收获和体会。

3.7 集成触发器及应用

1．实验目的

（1）掌握用 SSI 设计时序电路的方法；

（2）掌握边沿触发器的逻辑功能、测试方法及简单应用。

2．实验设备与元器件

（1）DSE-V 数字电路实验平台   1 台

（2）元器件：

74LS73   2 片

74LS74   2 片

74LS00   1 片

74LS20   1 片

3．实验内容

用集成触发器芯片在自助实验板上设计实现计数器、移位寄存器。

（1）用触发器设计 4 位异步计数器

基本要求：

① 0～15 连续计数；

② 异步清零；

③ 异步置数。

进阶要求：

十进制计数。

（2）用触发器设计 4 位移位寄存器

① 在一个时钟脉冲作用下，存储在寄存器（即触发器）中的二进制信息向右移一位；

② 异步清零；

③ 异步置数。

4．预习要求

（1）预习集成 JK 触发器 74LS73 的电路原理与引脚排布；

（2）预习集成边沿 D 触发器 74LS74 的电路原理与引脚排布。

5．实验原理

（1）JK 触发器

在输入信号为双端的情况下，JK 触发器是功能完善、使用灵活和通用性较强的一种触发器。JK 触发器常被用作缓冲存储器、移位寄存器和计数器。本实验采用 74LS73 双 JK 触发器，是上升沿触发的 JK 触发器。JK 触发器的状态方程为

$$Q^{n+1} = J\bar{Q}^n + \bar{K}Q^n$$

其中，J 和 K 是数据输入端，是触发器状态更新的依据，若 J、K 有两个或两个以上输入端时，组成"与"的关系。Q 与 $\bar{Q}$ 为两个互补输出端。通常把 $Q=0$，$\bar{Q}=1$ 的状态定为触发器"0"状态，而把 $Q=1$，$\bar{Q}=0$ 的状态定为"1"状态。JK 触发器 74LS73 的引脚排列和功能表参见附录 B。

（2）D 触发器

在输入信号为单端的情况下，D 触发器用起来最方便，其状态方程为 $Q^{n+1}=D$。其输出状态的更新发生在 CP 脉冲的上升沿，故又称为上升沿触发的边沿触发器。触发器的状态只取决于时钟到来前 D 端的状态。D 触发器的应用很广，可用作数字信号的寄存、移位寄存、分频和波形发生等。有很多种型号可供选用，如 74LS74（双 D 触发器）、74LS175（四 D 触发器）、74LS174（六 D 触发器）等。74LS74 的引脚图和逻辑功能表参见附录 B。

（3）触发器之间的相互转换

在集成触发器的产品中，每一种触发器都有自己固定的逻辑功能，但可以利用转换的方法获得具有其他功能的触发器。例如将 JK 触发器的 J 和 K 两端连在一起，并将其看作 T 端，就得到所需的 T 触发器。如图 3.7.1 所示，其状态方程为

$$Q^{n+1} = T\bar{Q}^n + \bar{T}Q^n$$

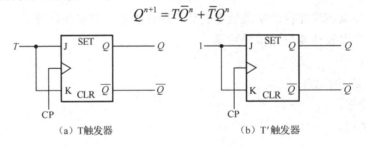

（a）T触发器　　　　　　　　　　（b）T'触发器

图 3.7.1　JK 触发器转换为 T、T'触发器

T 触发器的功能如表 3.7.1 所示。

表 3.7.1　T 触发器的功能

输　　入				输　　出
$\bar{S}_D$	$\bar{R}_D$	CP	T	Q^{n+1}
0	1	×	×	1

输　　入				输　　出
$\overline{S}_D$	$\overline{R}_D$	CP	T	Q^{n+1}
1	0	×	×	0
1	1	↓	0	Q^n
1	1	↓	1	$\overline{Q}^n$

由功能表可见，当 $T=0$ 时，时钟脉冲作用后，其状态保持不变；当 $T=1$ 时，时钟脉冲作用后，触发器状态翻转。所以，若将 T 触发器的 T 端置"1"，如图 3.7.1（b）所示，即得 T'触发器。在 T'触发器的 CP 端每来一个 CP 脉冲信号，触发器的状态就翻转一次，故称为反转触发器，广泛用于计数电路中。

同样，若将 D 触发器 $\overline{Q}$ 端与 D 端相连，便转换成 T'触发器；JK 触发器也可以转换为 D 触发器，如图 3.7.2 所示。

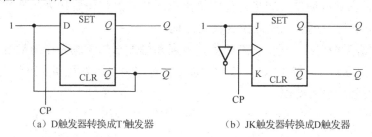

（a）D触发器转换成T'触发器　　　　（b）JK触发器转换成D触发器

图 3.7.2　触发器相互转换

（4）集成触发器设计同步时序电路的流程

集成触发器设计同步时序电路的流程图如图 3.7.3 所示。

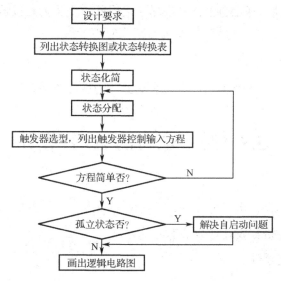

图 3.7.3　设计流程图

① 列出状态转换图或状态转换表

A．根据逻辑功能的要求确定输入变量、输出变量和电路的状态数。

B．根据输入条件和输出要求确定各状态之间的关系，从而列出原始的状态转换表和状态转换图。

② 状态化简

状态多少直接影响到电路的复杂程度，因此，必须把可以相互合并的状态合并起来。

③ 状态分配

状态分配又称状态编码。状态数确定后，触发器的数目也就确定了，但状态分配方式不同会影响电路的复杂程度。判断状态分配是否合理通常看两点：第一，看最后得到的逻辑图是否最简；第二，看电路是否自启动。因此，一般的分配原则如下。

A．当两个及以上状态具有相同的下一状态时，它们的代码应尽可能安排为相邻代码。也就是指两个代码中只有一个变量不同，其余变量都相同。

B．为使输出结构简单，应尽可能将输出相同状态的代码安排为相邻代码。

④ 触发器选型及列出触发器控制输入方程

确定触发器类型以后，根据状态转换真值表和触发器的激励表作出触发器控制输入函数的卡诺图，然后对卡诺图化简，求出各触发器的控制输入方程和电路的输出方程。

⑤ 检查电路的自启动性

检查电路的未使用状态是否自启动，如果未使用状态中有死循环存在，则需要加以解决。一种方法是预置数设为有效循环中某一状态；另一种方法是修改逻辑设计。

⑥ 画出逻辑电路图

以上设计步骤并不一定每个步骤都必须遵循，要依据具体问题具体分析，最主要的是设计的电路必须要用实验进行验证，如有问题，还要修改。

设计同步时序电路时还必须注意：应尽量采用同一类型的触发器，若采用了不同类型的触发器，则各触发器对时钟脉冲的要求与响应应当一致。

6．实验报告要求

写出设计全过程，写出化简后的逻辑表达式，画出接线图，进行逻辑功能测试；总结实验收获和体会。

3.8 时序电路的 HDL 设计

1．实验目的

（1）初步掌握用 HDL 语言设计时序电路的方法；

（2）掌握用 HDL 语言设计计数器的方法。

2．实验设备与元器件

（1）DSE-V 数字电路实验平台   1 台

（2）计算机   1 台

（3）Quartus II 软件   1 套

3. 实验内容

用 HDL 设计：模可变计数器、移位寄存器。

（1）用 HDL 设计模可变计数器

基本要求：

① 模可变加法计数器：模 2，模 8，模 10，模 16 等；

② 计数使能端 E；

③ 异步清零；

进阶要求：

① 模可变减法计数；

② 加减计数功能控制端 G：控制计数器加法或减法计数。

（2）用 HDL 设计移位寄存器

基本要求：

① 当时钟信号边沿到来时，存储在寄存器中的二进制信息向右移一位；

② 异步清零；

③ 异步置数。

进阶要求：

① 左移、右移可控；

② 循环移位功能。

4. 预习要求

预习 Verilog HDL 时序逻辑设计的基本语法。

5. 实验原理

计数器是一个用以实现计数功能的时序逻辑器件，它不仅可以用来对脉冲进行计数，还常用作数字系统的定时、分频和执行数字运算及其他特定的逻辑功能。

计数器的种类很多，按构成计数器中的各触发器是否使用一个时钟脉冲源来分，有同步计数器和异步计数器；根据计数进制的不同，分为二进制、十进制和任意进制计数器；根据计数的增减趋势，又分为加法、减法和可逆计数器；还有可预置数和可编程功能计数器等。

6. 实验报告要求

（1）写出各计数器的 Verilog HDL 设计代码；

（2）给出仿真结果，以及实验结果数据。

3.9　脉冲波形的产生和整形

1. 实验目的

（1）熟悉计数与振荡器 CD4060、集成施密特与非门 CD4093 的逻辑功能及测试方法；

（2）学会使用石英晶体和门电路组成多谐振荡器，用施密特触发器组成单稳态触发电路。

2．实验设备与元器件

（1）DSE-V 数字电路实验平台　　　　　　1 台
（2）双踪示波器　　　　　　　　　　　　1 台
（3）数字万用表　　　　　　　　　　　　1 只
（4）元器件：

CD4060	1 片
CD4093	1 片
电阻 100kΩ	1 个
电阻 300kΩ	1 个
电阻 2MΩ	1 个
电位器 100kΩ	1 个
电容 10 pF、30pF	2 个
电容 0.01μF	1 个
石英晶体 32.768kHz	1 个

3．实验内容

设计多谐振荡器，单稳态触发器等。

（1）用石英晶体（32.768kHz）和 CD4060 设计一个多谐振荡器

① 测量分频前波形（9 脚输出）的上升时间 t_r，下降时间 t_f 和脉冲周期 T；

② 比较分频后的各个波形。

（2）测量 CD4093 的阈值电压 V_{T+}，V_{T-}（V_{DD} =5V）

（3）用集成施密特与非门 CD4093 设计一个单稳态触发器

① 观察记录触发脉冲和单稳态脉冲的波形；

② 要求单稳态脉冲为宽度约 0.5ms 的正脉冲，计算相应的电容、电阻值；

③ 触发脉冲可选用实验箱提供的脉冲源。

4．预习要求

（1）复习多谐振荡器和单稳态触发器的工作原理；

（2）熟悉集成串行计数器芯片 CD4060 和集成施密特与非门 CD4093 的电路结构和引脚排布；

（3）预先画出实验用的详细电路图。

5．实验原理

（1）设计多谐振荡器

本实验使用的 CD4060 是一个 14 级分频器。CD4060 内部带有与非门构成的振荡电路，通过改变外部的定时元件 R_t、C_t 的值或改变外接石英晶体的固有谐振频率 f_0，得到不同的振荡频率，再经过内部分频器分频，可以获得 11 种不同分频系数的脉冲输出。其中多谐振荡脉冲由 9 脚输出，最小分频脉冲（16 分频）由 7 脚输出，最大分频脉冲（16384 分频）由 3 脚输出。CD4060 设置一个公共清零端 RESET，可使多谐振荡器停振、分频器清零。

（2）测量 CD4093 的阈值电压

测量方法如图 3.9.1 所示。

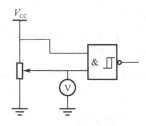

图 3.9.1　施密特触发器阈值电压测量示意图

本实验使用的 CD4093 是具有施密特特性的二输入与非门，它具有两个重要的特性：第一，输入信号从低电平上升的过程中，电路状态变化所对应的输入转换电平 V_{T+}，与输入信号从高电平下降过程中对应的输入转换电平 V_{T-} 不同，$V_{T+} > V_{T-}$。第二，在电路状态转换时，由于电路内部的正反馈使输出电压波形的边沿变得很陡。

CD4093 的传输特性如图 3.9.2 所示。在应用中，施密特触发器可组成多谐振荡器、单稳态电路、波形处理电路等。

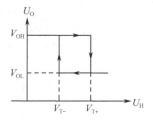

图 3.9.2　CD4093 施密特触发器传输特性

CD4093 主要电特性如表 3.9.1 所示。

表 3.9.1　CD4093 主要电特性

参　　数	条　　件	25℃			单　　位
		Min	Typ	Max	
I_{DD}	$V_{DD} = 5V$			1.0	mA
V_{OL}	$V_{IN} = V_{DD} = 5V$		0	0.05	V
V_{OH}	$V_{IN} = V_{SS}$, $V_{DD} = 5V$		4.95	5	V
V_{T-}	$V_{DD} = 5V$, $V_O = 4.5V$	1.5	1.8	2.25	V
V_{T+}	$V_{DD} = 5V$, $V_O = 0.5V$	2.75	3.3	3.5	V
V_H	$V_{DD} = 5V$	0.5	1.5	2.0	V
I_{OL}	$V_{IN} = V_{DD} = 5V$	0.51	0.88		mA
I_{OH}	$V_{IN} = V_{SS}$, $V_{DD} = 5V$	-0.51	-0.88		mA
I_{IN}	$V_{DD} = 15V$, $V_{IN} = 0V$		$\pm 10^{-5}$	± 0.1	μA

（3）设计单稳态触发器

单稳态触发器有三个特点：第一，它有一个稳定状态和一个暂稳状态；第二，在外来脉冲的作用下，能够由稳定状态翻转到暂稳状态；第三，暂稳状态维持一段时间后，将自动返回到稳定状态，而暂稳状态时间长短与触发脉冲无关，仅决定于电路本身的参数。单稳态触发器在数字系统控制装置中，一般用于定时、整形、延时等。

施密特触发器用途较多，可作为脉冲发生器、波形整形、幅度鉴别、脉冲展宽等。它的电路有由门电路构成的，也有专门集成施密特触发器电路。其有两个工作特点：一是电路有两个稳态；二是电路状态的翻转由外触发信号电平来维持，一旦外触发信号幅度下降到一定电平后，电路立即恢复到初始稳定状态。使用施密特触发器也可以构成单稳态触发器，用集成施密特与非门 CD4093 设计一个单稳态触发器的典型电路图如图 3.9.3 所示。

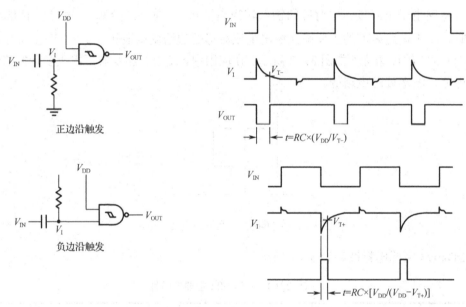

图 3.9.3　用施密特触发器构成单稳态触发器的典型电路图

5. 实验报告要求

（1）绘制出实验线路图，并记录实验波形；
（2）分析各次实验结果的波形，验证相关理论；
（3）总结单稳态触发器及施密特触发器的特点及其应用。

3.10　综合时序电路设计

1. 实验目的

（1）基本掌握小型数字系统设计；
（2）掌握序列发生器、序列检测器的设计方法。

2．实验设备与元器件

（1）DSE-V 数字电路实验平台　　　　　　1 台
（2）计算机　　　　　　　　　　　　　　1 台
（3）Quartus II 软件　　　　　　　　　　1 套

3．实验内容

设计序列发生器、序列检测器。

（1）用 HDL 设计序列发生器，产生一个 8 位的序列信号，序列码自定义。

（2）用 HDL 设计序列检测器。

① 要求电路对串行输入序列进行检测，当连续检测到 4 个码元符合检测器的检测码（如 1101）时，检测器输出为 1；

② 对串行输入序列 101110101101101001011 进行检测，记录检测结果；

③ 前一个序列的最后一个码元，不能作为本次 1101 序列的码元。

4．预习要求

熟悉序列发生器和检测器的基本原理。

5．实验原理

构成序列信号发生器的方法有多种，一种比较简单、直观的方法是用计数器和数据选择器组成。例如，需要产生一个 8 位的序列信号，则可以用一个八进制计数器和一个 8 选 1 数据选择器组成。另一种比较常见的方法是采用带反馈逻辑电路的移位寄存器。如果序列信号的位数为 m，移位寄存器的位数为 n，则取 $2n \geqslant m$。例如，若仍然要求产生一个 8 位的序列信号，则可以用一个 3 位的移位寄存器加上反馈逻辑电路构成所需的序列发生器（见图 3.10.1）。

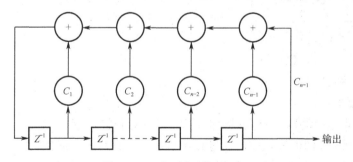

图 3.10.1　序列发生器电路图

其对应的特征多项式为

$$F(x) = \sum_{i=0}^{n} C_i x^i$$

其中，可以用异或门实现模二加运算，D 触发器作为延时单元。序列检测器可以根据检测系列画出状态转换图，然后用时序电路设计方法设计，也可以用有限状态机实现。

6. 实验报告要求

（1）写出各 Verilog HDL 设计代码；

（2）给出仿真结果，以及实验结果数据。

3.11 多功能数字钟的设计

1. 实验目的

（1）初步掌握小型数字系统的 EDA 设计方法；

（2）初步学会层次化的设计方法；

（3）掌握电路设计的 HDL 和图形混合输入方法。

2. 实验设备与元器件

（1）DSE-V 数字电路实验平台　　　　　　1 台

（2）计算机　　　　　　　　　　　　　　1 台

（3）Quartus II 软件　　　　　　　　　　1 套

3. 实验内容

利用 EDA 工具设计一个多功能数字钟。

（1）基本要求：

① 计数显示功能

分、秒：60 进制，二位数码管显示（十进制）；

时：24 进制，二位数码管显示（十进制）。

② 具有清零功能

复位键按下，系统复位，显示皆为 0。

③ 校时功能

时校准键：小时递增循环；

分校准键：分钟递增循环；

秒校准键：秒钟递增循环。

（2）进阶要求：

① 具有整点报时功能，整点报时的同时 LED 灯花样显示；

② 具有闹铃（闹 10s）功能，通过按键可以任意设置闹铃时间；

③ 具有 12 小时和 24 小时二种制式，按键切换；

④ 秒表功能，精度 0.01s。

4. 预习要求

分模块画出多功能数字钟的总体结构。

5. 实验原理

本实验可以使用 HDL 与图形混合输入方法，并利用层次化的结构来实现。实验中各模块的计数时钟可以有两种实现方式。

（1）控制秒的时钟频率为 1Hz，控制分的时钟为秒的进位信号，控制时的时钟为分的进位信号。其逻辑结构框图如图 3.11.1 所示。

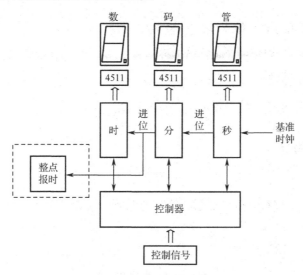

图 3.11.1　数字钟逻辑结构框图

其中，虚线框内为进阶要求中的整点报时功能。控制信号可以包括清零、校准、24/12 小时切换等。

（2）输入较高频率的时钟，经分频得到秒、分、时所需的时钟，若用该法，则可以较方便地实现秒表的功能，秒表的精度由分频得到的时钟决定。其结构框图如图 3.11.2 所示。

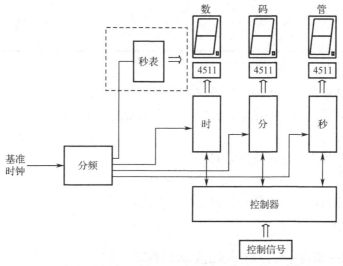

图 3.11.2　数字钟结构框图

6. 实验报告要求

（1）给出系统综合设计流程；

（2）绘制关键模块仿真结果图。

3.12 交通信号灯控制系统的设计

1. 实验目的

（1）进一步掌握用 EDA 技术实现小型数字系统；

（2）掌握以状态机为核心的数字系统设计。

2. 实验设备与元器件

（1）DSE-V 数字电路实验平台　　　　　1 台

（2）计算机　　　　　　　　　　　　　1 台

（3）Quartus II 软件　　　　　　　　　1 套

3. 实验内容

根据"红灯停，绿灯行，黄灯提醒"的交通常规，设计一个十字路口交通灯控制系统。

（1）基本要求：

① 规则，如表 3.12.1 所示。

表 3.12.1　交通灯规则

时间(s)		1	2	3	4	5	6	7	8	9	A	B	C	D	E	F	1	2	3	4	5	6	7	8	9	A	B	C	D	E	F
南北向	R																1	1	1	1	1	1	1	1	1	1	1	1	1	1	1
	G	1	1	1	1	1	1	1	1	1	1	1	闪	闪	闪																
	Y														1	1															
东西向	r	1	1	1	1	1	1	1	1	1	1	1	1	1	1	1															
	g																1	1	1	1	1	1	1	1	1	1	1	闪	闪	闪	
	y																													1	1

注：绿灯结束前 3 秒闪烁，闪烁结束黄灯亮。

② 各方向分别用 2 位数码管显示剩余时间（十六进制）。

③ 利用 Quartus II 的 State Machine View 观察系统的状态转换图。

（2）进阶要求：

① 以十进制的方式显示剩余时间；

② 紧急情况请求（按键）：各方向均亮红灯；

③ 根据车流量，分别设置各方向通行（绿灯）时间。

4. 预习要求

分模块画出交通信号灯控制系统的总体结构。

5. 实验原理

本实验应采用有限状态机实现，设计前应根据所规定的交通法则及欲实现的功能确定状态转换图及结构流程图。其基本逻辑流程图及控制器框图如图 3.12.1 和图 3.12.2 所示。

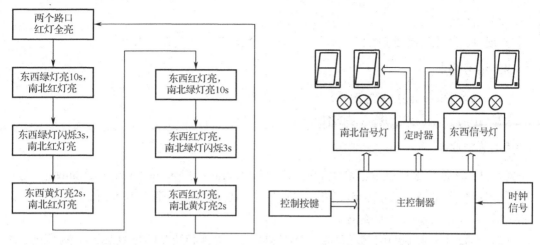

图 3.12.1　交通灯基本逻辑流程图　　　图 3.12.2　交通灯控制器框图

其中，控制按键包括紧急情况请求键、绿灯持续时间设置键等。南北、东西信号灯各用一组 LED 灯表示即可。

6. 实验报告要求

（1）写出各 Verilog HDL 设计代码；

（2）总结实验收获与体会。

3.13　存储器应用——乘法器的设计

1. 实验目的

（1）掌握 LPM_ROM 的使用方法；

（2）掌握存储器内容编辑器（In-System Memory Content Editor）的使用方法。

2. 实验设备与元器件

（1）数字电路与系统实验箱　　　1 台

（2）计算机　　　　　　　　　　1 台

（3）Quartus II 软件　　　　　　1 套

3. 实验内容

利用适当规格的 LPM_ROM 设计一个九九乘法运算电路，并利用存储器内容编辑器编辑 ROM 数据。

（1）预习要点：

通过自行查找资料和学习讨论，初步掌握存储器内容编辑器的使用方法。

（2）基本要求：

① 按键输入乘数 A 和被乘数 B，并把值（0~9）显示在数码管上；

② 乘积 C 显示：2 位数码管（十进制）；

③ 用存储器内容编辑器编辑 ROM 数据，使之满足九九乘法表的要求。

（3）进阶要求：

扩展 A、B 的范围至 $0 \sim 15$，乘积 C 用 3 位数码管（十进制）显示。

4．预习要求

（1）预习 Quartus II 创建 ROM 表的基本流程；
（2）预习存储器内容编辑器的使用方法。

5．实验原理

（1）LPM 是参数可设置模块库的英语缩写（Library of Parameterized Modules），这些可以图形或硬件描述语言模块形式方便调用的宏功能块，使得基于 EDA 技术的电子设计的效率和可靠性有了很大的提高。

（2）本设计中首要的问题是确定 LPM_ROM 的地址和数据的位数及正确编写.mif 文件。该系统的逻辑结构图如图 3.13.1 所示。

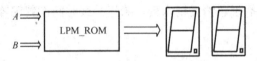

图 3.13.1　系统逻辑结构图

其中 A、B 分别代表被乘数和乘数，它们的位数直接决定了 LPM_ROM 的地址和数据位数，若 A、B 都为 $0 \sim 9$，则其地址和数据都为 8 位即可。

（3）存储器内容编辑器可用于对 ROM 及 RAM 中的数据进行读、写，通过该工具可以方便地观察存储器数据的变化。

调用该工具的方法如图 3.13.2 所示。

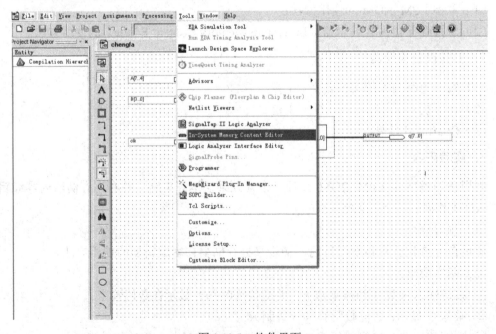

图 3.13.2　软件界面

该工具的观察窗口如图 3.13.3 所示。

```
000000   00 00 00   00 00 00   00 00 00   00 00 00   00 00 00   00 00 00   ......
000006   00 00 00   00 00 00   00 00 00   00 00 00   00 00 00   00 00 00   ......
00000C   00 00 00   00 00 00   00 00 00   00 00 00   00 00 00   00 00 00   ......
000012   00 00 00   00 00 00   00 00 00   00 00 00   00 00 00   00 00 00   ......
000018   00 00 00   00 00 00   00 00 00   00 00 00   00 00 00   00 00 00   ......
00001E  |00 0B 75|  00 00 00   00 00 00   00 00 00   00 00 00   00 00 00   ..u..
000024   00 00 00   00 00 00   00 00 00   00 00 00   00 00 00   00 00 00   ......
00002A   00 00 00   00 00 00   00 00 00   00 00 00   00 00 00   00 00 00   ......
000030   00 00 00   00 00 00   00 00 00   00 00 00   00 00 00   00 00 00   ......
000036   00 00 00   00 00 00   00 00 00   00 00 00   00 00 00   00 00 00   ......
00003C   00 00 00   00 00 00   00 00 00   00 00 00   00 00 00   00 00 00   ......
000042   00 00 00   00 00 00   00 00 00   00 00 00   00 00 00   00 00 00   ......
000048   00 00 00   00 00 00   00 00 00   00 00 00   00 00 00   00 00 00   ......
00004E   00 00 00   00 00 00   00 00 00   00 00 00   00 00 00   00 00 00   ......
000054   00 00 00   00 00 00   00 00 00   00 00 00   00 00 00   00 00 00   ......
00005A   00 00 00   00 00 00   00 00 00   00 00 00   00 00 00   00 00 00   ......
000060   00 00 00   00 00 00   00 00 00   00 00 00   00 00 00   00 00 00   ......
000066   00 00 00   00 00 00   00 00 00   00 00 00   00 00 00   00 00 00   ......
00006C   00 00 00   00 00 00   00 00 00   00 00 00   00 00 00   00 00 00   ......
000072   00 00 00   00 00 00   00 00 00   00 00 00   00 00 00   00 00 00   ......
```

图 3.13.3　存储器内容编辑器观察窗口

图 3.13.3 中 00001E 地址的数据为 000B75。

6．实验报告要求

（1）写出设计的全过程，描绘出基本仿真结果；
（2）总结实验收获和体会。

3.14　用状态机实现 ADC 控制电路

1．实验目的

（1）熟悉串行 ADC 的使用方法；
（2）掌握用状态机设计 ADC 控制电路的方法；
（3）学会使用 SignalTap II 逻辑分析仪。

2．实验设备与元器件

（1）数字电路与系统实验箱　　　　　1 台
（2）计算机　　　　　　　　　　　　1 台
（3）QuartusII 软件　　　　　　　　　1 套
（4）数字万用表　　　　　　　　　　1 台
（5）示波器　　　　　　　　　　　　1 台

3．实验内容

用状态机设计 ADC TLC1196 的采样控制电路。

（1）基本要求：

① 以约 100ksps 的采样率，连续对直流电压进行 A/D 转换，将串行结果转换成并行，显示在数码管上，测量三个以上电压点，分析 ADC 精度。

② 输入信号为 100Hz、幅度约 4.5V 的正极性正弦信号，用 SignalTap II 逻辑分析仪分析转换结果。

（2）进阶要求：

实现单次 A/D 转换：每按一次键，自动产生 $\overline{CS}$ 和一组时钟完成一次转换，将转换结果显示在数码管上。

4．预习要求

（1）预习 LTC1196 串行 ADC 芯片手册和控制时序；

（2）熟悉有限状态机的设计方法。

5．实验原理

LTC1196 是 8 位、1Msps、3 线高速串行低功耗 A/D 转换器，模拟信号输入范围 0～5V。内含采样和保持电路，具有高阻抗方式的串行接口，完成一次转换需要 12 个时钟周期。

芯片的控制信号时序图如图 3.14.1 所示。

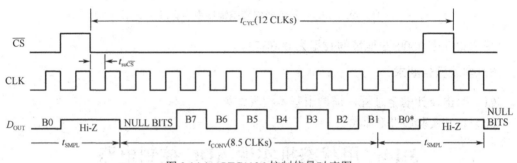

图 3.14.1　LTC1196 控制信号时序图

$\overline{CS}$ 为片选信号，低有效，它的下降沿离上一个 CLK 上升沿至少 13ns（保持时间），离下一个 CLK 上升沿至少 26ns（建立时间）；CLK 为时钟信号，$\overline{CS}$ 低电平后，约经过 2.5 个时钟周期开始输出转换结果的最高位，所以，单次转换不少于 12 个时钟周期，且时钟频率 f_{CLK} 不得高于 12MHz。因为 LTC1196 的输出是串行数据，通常还需将其转换成并行数据，便于后续处理。

根据 LTC1196 的时序要求，可将其每次转换划分为若干状态，并找出它们之间的转换关系，画出状态转换图，如图 3.14.2 所示，划分为 5 个状态。

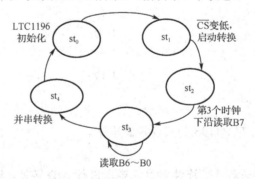

图 3.14.2　状态转换图

SignalTap II 逻辑分析器是 Quartus II 自带的嵌入式调试工具。在实际测试中，SignalTap II 将逻辑分析模块嵌入到 FPGA 中，逻辑分析模块对待测节点的数据进行捕获，将测得数据暂存于目标器件的嵌入式 RAM 中，然后通过 JTAG 接口传送到 Quartus II 软件中显示。使用 SignalTap II 无需额外的逻辑分析设备，只需将一根 JTAG 接口的下载电缆连接到要调试的 FPGA 器件及用于捕获的采样时钟信号和保存被测信号一定点数的 RAM 块即可。

使用 SignalTap II 的一般流程是：在完成设计并编译工程后，建立 SignalTap II（.stp）文件并加入工程、配置 STP 文件、编译并下载设计到 FPGA，在 Quartus II 软件中显示被测信号的波形，在测试完毕后将该逻辑分析器从项目中删除。基本流程如下。

（1）设置采样时钟。采样时钟决定了显示信号波形的分辨率，它的频率要大于被测信号的最高频率。

（2）设置被测信号。可以使用 Node Finder 中的 SignalTap II 滤波器查找所有预综合和布局布线后的 SignaTap II 节点，添加要观察的信号。逻辑分析器不可测试的信号包括：逻辑单元的进位信号、PLL 的时钟输出、JTAG 引脚信号、LVDS（低压差分）信号。

（3）配置采样深度、确定 RAM 的大小。SignalTap II 所能显示的被测信号波形的时间长度为 T_x，计算公式为 $T_x=N\times T_s$。N 为缓存中存储的采样点数，T_s 为采样时钟的周期。

（4）设置 buffer acquisition mode。buffer acquisition mode 包括循环采样存储、连续存储两种模式。循环采样存储也就是分段存储，将整个缓存分成多个片段（segment），每当触发条件满足时就捕获一段数据。该功能可以去掉无关的数据，使采样缓存的使用更加灵活。

（5）触发级别。SignalTap II 支持多触发级的触发方式，最多可支持 10 级触发。

（6）触发条件。可以设定复杂的触发条件来捕获相应的数据，以协助调试设计。

逻辑分析仪设置如图 3.14.3 所示。

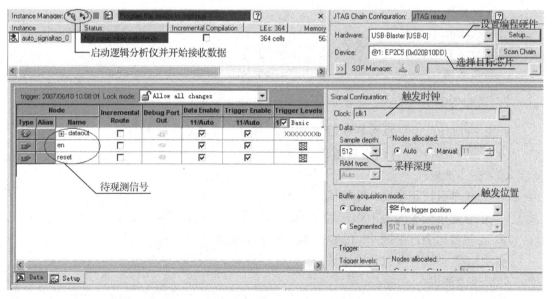

图 3.14.3　逻辑分析仪设置

完成 STP 设置后，将 STP 文件同原有的设计下载到 FPGA 中，在 Quartus II 中 SignalTap II 窗口下查看，如图 3.14.4 所示。

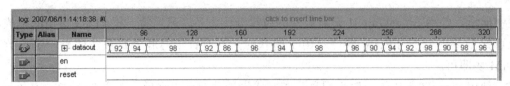

图 3.14.4　SignalTap II 数据窗口

建议在选择模式 3 下完成本实验，固定电平可使用实验箱 ADC 输入模块中的 0～ 5V 直流信号，正弦信号可用 DDS 信号源产生的正极性信号。

6．实验报告要求

（1）写出设计的全过程，写出各 Verilog HDL 设计代码，描绘出基本仿真结果；

（2）总结实验收获和体会。

3.15　函数信号发生器的设计

1．实验目的

（1）熟悉并行 DAC 的使用；

（2）掌握 LPM_ROM 的使用方法；

（3）掌握以 DAC 和 ROM 为核心的波形发生器的设计方法。

2．实验设备与元器件

（1）数字电路与系统实验箱　　　　　　1 台

（2）计算机　　　　　　　　　　　　　1 台

（3）Quartus II 软件　　　　　　　　　 1 套

（4）数字万用表　　　　　　　　　　　1 台

（5）示波器　　　　　　　　　　　　　1 台

3．实验内容

利用 LPM_ROM 及 D/A 转换器 THS5651 设计一个函数信号发生器。

（1）预习要点：设计波形数据表（*.mif）。

（2）基本要求：

① 产生单极性正弦波，峰峰值大于 4V；

② 信号输出频率约为 100Hz 和 1kHz，按键切换（时钟频率恒定）；

③ 正弦数据表：数据 8～10 位，地址不小于 8 位；

④ 用示波器观测并记录输出波形。

（3）进阶要求：

① 输出波形：正弦波、方波、三角波，按键切换；

② 用按键改变输出信号幅度（4 挡以上）；

③ 用按键改变输出信号的频率（8 挡以上）。

4．预习要求

预习 THS5651 芯片手册；

对 ROM 表的深度、宽度参数进行预先计算。

5．实验原理

常用的函数信号产生方法有直接频率合成（DS）法、锁相环式频率合成法、DAC+ROM 方法及在此基础上形成的直接数字频率合成（DDS）技术等。DAC+ROM 的波形发生器一般由三部分组成：计数器构成的 8 位地址信号发生器、正弦信号数据存储 ROM 和 DAC，一般结构如图 3.15.1 所示。

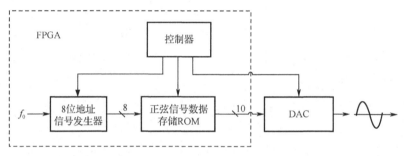

图 3.15.1　函数信号发生器结构图

其中，8 位地址信号发生器可以由计数器实现，它的输出作为 ROM 的地址信号；正弦信号数据存储 ROM（8 位地址线，10 位数据线），将一个周期的正弦信号归一到 0～1023 内，共 256 个数据。DAC 将正弦数据表逐一转换成模拟量，构成整个波形。

如果地址发生器的时钟 CLK 的输入为 f_0，则 DAC 输出的正弦信号频率 f_{out} 为

$$f_{out} = f_0 / 2^8$$

为了得到整数频率的信号，可以选择使用 f_0 是 2 的整数倍频，如使用实验箱中的 CLK2，也可以将地址信号发生器和 ROM 表存储量均设置为 10 的整数倍，如地址信号发生器用模 1000 的计数器，f_0 选用 1kHz 整数倍频的时钟。

如果要产生其他的波形信号，如三角波、方波、锯齿波等，只要改变 ROM 内的数据表即可。试想，产生锯齿波、三角波还有什么简单方法？

THS5651 是 CMOS、10 位并行高速数模转换器，其工作时序图如图 3.15.2 所示，在 CLK 的上升沿锁存数字信号，在下一个时钟上升沿将转换好的模拟信号输出。所以只要保证在转换时钟 CLK 的上升沿时 ROM 输出数据稳定，即可正确转换。

6．实验报告要求

（1）写出设计总流程，写出各 Verilog HDL 设计代码，描绘出基本仿真结果；

（2）总结实验收获和体会。

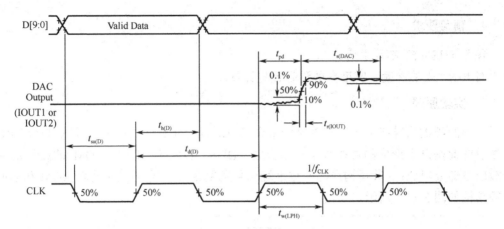

图 3.15.2　THS5651 工作时序图

第4章 数字系统实验

4.1 数字系统设计基础知识

随着数字集成技术和电子设计自动化（EDA）技术的发展，数字系统设计的理论和方法也随之发生了很大变化，传统的设计方法逐步被基于 EDA 技术的芯片设计方法所替代。设计过程的自动化程度得到很大提高，将过去传统搭积木式的设计方法（自底向上）变成一种自顶向下的设计方法。

数字系统的实现经历了由 SSI，MSI，LSI 到 VLSI 的过程，数字器件经历了由通用集成电路到专用集成电路的变化过程。虽然实现数字系统的器件和方法多种多样，但基本概念、基本理论仍是非常重要的。

4.1.1 数字系统设计概述

1. 数字系统的基本概念

数字系统是由对信息进行采集、转换、传输、存储、加工处理和利用的一组相互联系、相互作用的部件所组成的一个有机整体。尽管信息具有各种各样的形态和特征，如离散的、连续的、机械运动的速度与位移，商品行情的经济信息等。所有这些信息经过变换，转换成数字系统所能接收的数字信息，加以存储和处理。反过来，数字系统加工处理后的信息经过相应的逆变换，成为对被控对象进行有效控制的信号或进行管理和决策的可靠依据。

数字系统与模拟系统相比，具有如下特点。

（1）稳定性。数字系统所加工处理的信息是离散的数字量，对用来构成系统的电子元器件的要求不高，即能以较低的硬件实现较高的性能。

（2）精确性。数字系统中可用增加数据位数或长度来达到数据处理和传输的精确度。

（3）可靠性。数字系统中可采用检错、纠错和编码等信息冗余技术，以及多机并行工作等硬件冗余技术来提高系统的可靠性。

（4）模块化。把系统分成不同功能模块，由相应的功能部件来实现，从而使系统的设计、试制、生产、调试和维护都十分方便。

数字系统一般由若干数字电路和逻辑功能部件组成，并由一个控制部件统一指挥。逻辑部件担负系统的局部任务，完成子系统的功能。用多个子系统构成大系统时，必须有一个控制部件来统一协调和管理各子系统的工作，按一定程序指挥整个系统的工作。因此，有没有控制部件是区别数字系统和逻辑功能部件（数字单元电路）的重要标志。凡是有控制部件，并且能按照一定程序进行操作的系统，不论其规模大小，均被看成是一个数字系统。没有控制部件又不能按照一定程序进行操作的系统只能被看成是一个逻辑功能部件或子系统。

2．数字系统的基本结构

数字系统可由多个功能模块或子系统组成。按照其作用性质，数字系统在结构上可分为两部分：一部分是用来实现信息传送和加工处理的数据处理单元，即处理器；另一部分是产生控制信号序列的控制单元，即控制器，如图 4.1.1 所示。控制单元是根据外部控制信号及反映数据处理单元当前状况的状态信号，发出对数据处理单元的控制序列信号；在此控制序列信号作用下，数据处理单元对输入信息（数据）进行分解、组合、传输、存储和变换，产生相应的输出信息（数据），并且向控制单元输出状态信号，用以表明数据处理单元当前的工作状态和处理数据的结果。控制单元在收到状态信号后，再决定发出下一步的控制序列信号，使数据处理单元执行新一轮的一组操作。

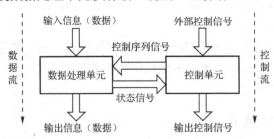

图 4.1.1　数字系统基本结构

数据处理单元和控制单元是一个数字系统中最基本的两部分。尽管各种数字系统可能具有完全不同的功能和形式，但是都可以用数据处理单元和控制单元所构成的数字系统的基本结构来描述。控制单元产生的输出控制信号影响着其他系统控制单元的操作，使本系统与其他系统协调一致地工作。控制单元的外部控制信号也可能是其他系统的输出控制信号。数字系统就是这样通过数据处理单元和控制单元之间的密切配合、协调工作，成为一个自动实现信息处理功能的有机整体。

3．数字系统设计的特点

随着科学技术的发展，数字系统（如计算机系统）已达到前所未有的复杂程度和技术水准。采用 LSI、VLSI 工艺制造的微处理器、单片机、ROM、RAM 和 PLD 子系统模块，已经成为数字系统设计中的基本构件。基于经典开关理论，追求门电路和输入项最小化的传统设计，已经不能适应新的情况，因此在现代数字系统设计中层次结构化和模块技术显得非常重要。

（1）系统的层次结构化

系统学的一个重要的观点是：系统是分层次的，是研究复杂对象的总称。系统是若干相互依赖、相互作用完成特定功能的有机整体。数字系统可以认为是一种层次结构，其设计过程是：以用户对系统性能的要求所定义的系统功能说明为出发点，根据系统结构的观点确定系统内包含的数据流和控制流，自上而下地将系统逐级分解为可由 LSI，VLSI 等硬件和软件实现的模块。然后通过逻辑设计选择合适的结构和物理实现途径，将元器件和基本构件集成为实现某种功能或性能的模块和子系统，由模块和子系统组装成系统，实现自下而上地组装和调试。

数字系统设计过程分为图 4.1.2 所示的四个层次：性能级、功能级、结构级和物理级。将性能级的说明映射为功能级的设计过程称为系统设计；将功能级的描述转换为结构（逻辑）级的过程称为逻辑设计；将逻辑结构转化为物理级（电路）的实现称为物理设计。

图 4.1.2　系统内层次结构

任何复杂的数字系统最终都可以分解成基本门和存储元件，由大规模集成电路来实现。集成电路设计过程就是把高级的系统描述最终转换成如何生产芯片的描述过程。设计过程中的层次化、结构化使得设计能力有了很大提高。层次化的设计方法能使复杂的电子系统简化，并能在不同的设计层次及时发现错误并加以纠正；结构化的设计方法中把复杂抽象的系统划分成一些可操作的模块，允许多个设计者同时设计一个系统中的不同模块，而且某些子模块的资源可以共用。

（2）系统设计中的模块化技术

模块化技术就是将系统总功能分解成若干个子功能，通过仔细定义和描述的子系统来实现相应的子功能。子系统又可以分解为若干模块或子模块，随着分解的进行，使抽象的功能定义和描述为具体的实现提供更多的细节，从而保证系统总体结构的正确性。

一个系统的实现可以有许多方案，划分功能模块也有多种模块结构。结构决定系统的品质，这是系统论中的一个重要观点，即一个结构合理的系统可望通过参数的调整获得最佳的性能；一个不合理的系统结构即使精心调整，也往往达不到预定的效果。因此系统整体结构方案的设计直接关系到所设计系统的质量。在划分系统的模块结构时，应考虑以下几方面。

① 如何将系统划分为一组相对独立又相互联系的模块；

② 模块之间有哪些数据流和控制流信息；

③ 如何有规则地控制各模块交互作用。

模块的相对独立性可以从两个方面来衡量：一方面是指模块内各元器件组成的部件或构件之间联系的紧密程度；另一方面是指模块之间的联系程度。提高模块内部的紧密程度和降低模块之间的联系程度，是提高模块相对独立性的两个方面。如果把系统中密切相关的组件或构件划分在不同的模块中，则其内部的凝聚度降低，模块之间联系程度提高。这对系统的理解、设计、实现、调试和修改都带来许多困难。因此为了设计一个易于理解和开发的系统结构，应该提高模块相对独立性。描述系统模块结构的方法主要有以下两种。

① 模块结构框图。以框图的形式表示系统由哪些模块（或子系统）组成及模块（或子系统）之间的相互关系，定义模块的输入/输出信息和作用。

② 模块功能说明。采用自然语言或专用语言，以算法形式描述模块的输入/输出信号和模块的功能、作用及限制。

由于系统中的模块具有相对独立性、功能比较专一，对其中的数据处理单元和控制单元可以单独描述和定义，通过逻辑设计最终达到物理实现。每个模块还可单独进行测试、排错和修改，使复杂的设计工作简单化，提高研制工作的平行性。同时限制了局部错误的蔓延和扩散，提高了系统的可靠性。

4.1.2　数字系统自顶向下的设计方法

近几年来，数字系统设计方法发生了较大变化，由自底向上（Bottom-up）的设计方法变为自顶向下（Top-down）的设计方法。过去设计的基本思路一直是先选用标准通用集成电路芯片，再由这些芯片和其他元件自下而上地构成电路、子系统和系统。这样设计的系统所用元件的种类和数量较多，体积、功耗大，修改困难，可靠性差。

自顶向下的设计方法采用系统层次结构，将系统的设计分成几个层次进行描述。通常把系统总技术指标的描述称为性能级或系统级的描述，这是最高一级描述。由此导出实现系统功能的算法，即系统设计。根据算法把系统分成若干功能模块（子系统），每个模块又分解为若干子模块、用逻辑框图形式描述各功能模块（子系统）的组成和相互联系，设计出系统结构框图，这一级称为功能级描述。最后进行逻辑设计，详细给出实现系统的硬件和软件描述，称为电路级描述。

自顶向下的设计方法是一种由抽象的定义到具体的实现、由高层次到低层次的转换逐步求精的设计方法。其设计过程并非是一个线性过程，在下一级的定义和描述中往往会发现上一级定义和描述中的缺陷或错误，因此必须对上一级中的缺陷或错误进行修正，使其更真实地反映系统的要求和客观的可能性。整个设计过程是一个"设计→验证→修改设计→再验证"的过程。

数字系统的制作和测试通常是按系统设计的相反顺序进行的，即自底向上的集成过程。它是从具体的器件和部件开始，逐步由下而上组装和集成为完成某局部功能的模块（或子系统），最后由这些模块构成一个完整的数字系统。但是组成的系统总体结构有时不是最佳的。可以这样说，数字系统自顶向下的设计方法反映了人们从预定的目标出发，不断探索、认识和不断深化的过程，而自底向上的集成过程则是通过局部的、较简单的功能模块（或子系统）的经验积累，以达到系统预定目标要求的实践过程。

4.1.3　算法流程图及 ASM 图

自顶向下的设计过程实际上是不同层次的描述形式间的变换，因此对系统进行描述的问题将贯穿设计的全过程，在不同的设计阶段采用适当的描述方式。在系统结构设计阶段常用的描述方式有方框图、定时图、算法流程图和 ASM 图。正确地定义和描述设计目标的功能和性能，是设计工作正确实施的依据，是进一步设计的基础。

1. 方框图和定时图

方框图是系统设计阶段最常用、最重要的描述手段。它可以详细描述数字系统的总体结构，并作为进一步设计的基础。方框图不涉及过多的技术细节，具有直观易懂、系统结构层次化和清晰度高、易于方案比较以达到系统总体优化等优点。

方框图中每一个方框（矩形框）定义一个信息处理、存储或传送的子系统或模块，在方框内用文字、表达式、通用符号和图形来表示该子系统或模块的名称或主要功能。方框之间采用带箭头的直线连接，表示各子系统或模块之间数据流或控制流的信息通道，箭头指示信息的传输方向。一般总体结构方框图需要有一份完整的系统说明书，在说明书中不仅需要给出表示各子系统或模块的方框图，同时还需给出每个子系统或模块功能的详细描述。

数字系统中无论是信号的采集、传输、处理或存储，都是在特定的时间意义上的操作，是严格按照时序进行协调和同步的。系统中每个子系统或模块的功能正是体现按规定的时标实现输入信号向输出信号的正确转换。定时图（时序图）用来定时地描述系统各模块之间、模块内部各功能部件之间及部件内各门电路或触发器之间输入信号、输出信号和控制信号的对应时序关系及特征（时钟信号为电平或脉冲、同步或异步）。

定时图的描述是逐步深入细化的过程，由描述系统输入/输出信号之间关系的定时图开始。随着系统设计的深入，定时图不断地反映新出现的系统内部信号的定时关系，直到对系统内各信号时序关系的完全描述。在系统进行功能和时序测试时，可借助 EDA 工具，建立系统的仿真波形文件，通过仿真来判定系统中可能存在的问题；在硬件调试和运行时，可通过逻辑分析器或示波器对系统节点处的信号进行观察测试，以判定系统中可能存在的错误。

2. 算法流程图

算法流程图是用特定的几何图形（矩形、菱形、圆形）、指向线和简单文字说明，来描述数字系统的基本工作过程，是描述数字系统功能的常用方法之一。它与软件设计中的流程图十分相似。

（1）基本符号

算法流程图常使用工作块、判别块、条件块、入口点、出口点，如图 4.1.3 所示。

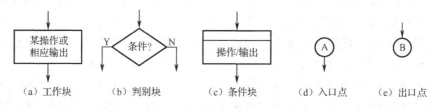

（a）工作块　　（b）判别块　　（c）条件块　　（d）入口点　　（e）出口点

图 4.1.3　算法流程图基本符号

① 工作块：是一个矩形块，块内用简要的文字来说明进行的一个或若干个操作及相应的输出。

② 判别块：其符号为菱形，块内给出判别变量及判别条件。判别条件是否满足，决定系统将进行不同的后续操作。

③ 条件块：为一个带横杠的矩形块，总源于判别块的一个分支。条件块中的操作与特定的条件有关，因此称为条件操作。工作块规定的操作无前提条件，是独立的操作。条件块是算法流程图所特有的，也是与软件流程图的主要区别之一。

④ 入口、出口点：用圆形符号表示。入口点指明算法的起点或算法的继续点，当算法太长，一页写不完另起一页时，就需要一个继续点。有入口点就应有出口点。

（2）算法流程图的建立

算法流程图可以描述整个数字系统对信息的处理过程及控制单元所提供的控制步骤。算法流程图的建立也就是算法设计过程。它是把系统要实现的复杂运算或操作分解成一系列子运算或操作，并且确定执行这些运算或操作的顺序和规律，为逻辑设计提供依据。

由于系统的逻辑功能多种多样，至今尚无从系统功能导出算法的通用方法和步骤。设计者需要仔细分析设计功能要求，将系统分解成若干功能模块，把要实现的逻辑功能看作是应进行的某种运算或操作。用算法流程图来描述时通常具有两大特征。

① 包含若干了运算或操作，实现数据或信息的存储、传输和处理；

② 具有相应的控制序列，控制各子运算或操作的执行顺序和方向。

3. ASM 图

算法流程图只是按照操作所规定的先后顺序排列的步骤描述，并未严格地规定完成各操作所需的时间及操作之间的时间关系。因此不能直接由算法流程图得到下一步逻辑设计，必须把算法流程图转换成 ASM 图（算法状态机图）、MDS 图（备有记忆文件的状态图）或状态表，作为下一步逻辑设计的依据。

ASM 图采用类似于算法流程图的形式来描述控制器在不同的时间内应完成的一系列操作，反映了控制条件及控制器状态的转换。这种描述方法与控制器的硬件实施有很好的对应关系。

（1）ASM 图的基本符号

ASM 图是硬件算法的符号表示法，可方便地表示数字系统的时序操作。它由四个基本符号组成，即状态框、判断框、条件框和指向线。

① 状态框：用一个矩形框来表示控制器的一个状态。该状态的名称和二进制代码（已状态分配）分别标在状态框的左、右上角；矩形框内标出在此状态下数据处理单元应进行的操作及控制器的相应输出，如图 4.1.4（a）所示。

② 判断框：用菱形表示状态在条件转移时的分支途径，判断变量（分支变量）写入菱形框内作为转移条件，在判断框的每个转移分支处写明满足的条件。

③ 条件框：用椭圆框表示，框内标出数据处理单元的操作及控制器的相应输出，如图 4.1.4（c）所示。条件框一定是与判断框的一个转移分支相连接，仅当判断框中判断变量满足相应的转移条件时，才进行条件框中表明的操作和信号输出。

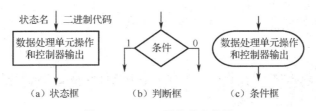

图 4.1.4　ASM 图的基本符号

④ 指向线：用箭头线表示，用于把状态框、判断框和条件框有机地连接起来，构成完整的 ASM 图。

（2）ASM 块

ASM 图可以细分为若干个 ASM 块，每个 ASM 块必定包含一个状态框（必有），可能还有几个同它相连接的判断框和条件框。一个 ASM 块只有一个入口和几个由判断框构成的出口。仅包含一个状态框，无判断框和条件框的 ASM 块是一个简单块。每个 ASM 块表示一个时钟周期内系统所处的状态，在该状态下完成块内的若干操作。ASM 块中的状态框和条件框的操作，是在一个共同的时钟周期内（即某个状态下）一起完成的。并且在下一个时钟周期内使现状态转移到新状态，进入另一个 ASM 块。

ASM 图类似于状态图，一个 ASM 块等效于状态图中的一个状态。判断框表示的判别条件相当于状态图定向线旁标记的判断变量的取值（二进制代码）。如把 ASM 图转换成状态图，就可以利用时序逻辑电路的设计步骤来设计系统控制器。状态图虽然可以表示状态的转移、转移条件和输出信号，但是它无法表示操作和条件输出。这正是状态图与 ASM 图的差别。状态图只能定义一个控制器，而 ASM 图除了定义一个控制器，还指明了被控制的数据处理单元中应实现的操作，所以 ASM 图定义的是整个数字系统。

（3）由算法流程图导出 ASM 图

ASM 图和算法流程图之间有一定的对应关系，两者之间的工作块和状态框、判别块和判断框、条件块和条件框都基本对应。确切地说，算法流程图规定了系统应进行的操作及操作的顺序；ASM 图规定了为完成这些操作及操作的顺序所需的时间和控制器发出的输出信号。由算法流程图导出 ASM 图，主要是定义状态，其原则有三条。

① 在算法起点定义一个初始状态；

② 必须用状态来分开不能同时实现的操作；

③ 判断框中的条件如果受寄存器操作的影响，则应在它们之间安排一个状态。

4.2　含 1 个数统计电路

1．实验目的

（1）掌握数字系统设计中控制器–受控器模型；

（2）掌握有限状态机（FSM）的设计与应用。

2．实验设备与元器件

（1）DSE-V 数字电路实验平台　　　　　1 台

（2）计算机　　　　　　　　　　　　　1 台

（3）Quartus II 软件　　　　　　　　　　　　1 套

3．实验内容

输入一串二进制脉冲序列，设计一个含 1 个数统计电路对二进制序列中脉冲为 1 的信号的总数进行计数，并显示结果。

（1）使用状态机实现"控制器–受控器"模型，状态机中的状态数须大于或等于 3 个；

（2）要求输入的串行二进制数据位数为 31 位，且使用按键输入；

（3）系统时钟、启动信号等由按键手动输入；

（4）"1"的个数由数码管显示，显示进制为十六进制；

（5）设计时需给出系统仿真结果。

4．项目相关说明

有限状态机（Finite State Machine，FSM）的设计是数字系统中非常重要的一部分，也是实现高效率、高可靠性逻辑控制的重要途径。

大部分数字系统都是由控制单元和数据处理单元组成的，数据处理单元负责数据的处理和传输，控制单元主要是控制数据处理单元的操作顺序。控制单元往往是通过使用有限状态机来实现的，有限状态机接受外部信号及数据处理单元的状态信息，产生控制序列。

（1）有限状态机原理

状态机可以由标准数学模型定义。此模型包括一组状态、状态之间的一组转换及和状态转换有关的一组动作。有限状态机可以表示为

$$M = (I, O, S, f, h)$$

式中，$S=\{S_i\}$ 为一组状态集合；$I=\{I_j\}$ 为一组输入信号；$O=\{O_k\}$ 为一组输出信号；$f(S_i, I_j)$：$S \times I \to S$ 为状态转移函数；$h(S_i, I_j)$：$S \times I \to O$ 为输出函数。

从上面的数学模型中可以看出，在数字系统中实现的状态机应该包括 3 部分：状态寄存器、状态转移逻辑、输出逻辑。描述有限状态机的关键是状态机的状态集合及这些状态之间的转移关系。描述这种转移关系除了数学模型，还可以用状态转移图或状态转移表来实现。

（2）有限状态机分类

有限状态机分类有很多，主要分为 Mealy 状态机和 Moore 状态机。Mealy 状态机的输出由有限状态机的输入和输出状态共同决定。Moore 状态机与 Mealy 状态机的区别在于 Moore 状态机的输出仅与有限状态机的状态有关，而与有限状态机的输入无关。

（3）有限状态机设计

有限状态机的设计应遵循以下原则。

① 分析控制器设计指标，建立系统算法模型图，即状态转移图。

② 分析被控对象的时序状态，确定控制器有限状态机的各个状态及输入/输出条件。

③ 使用 Verilog HDL 语言完成状态机的设计。

（4）有限状态机编码

FSM 的状态可以采用的状态编码规则有很多，常用的状态编码有 One-Hot、Gray、

Compact、Johnson、Sequential 和 Speed1。下面对这些状态编码进行简单的介绍。

① One-Hot 状态编码

One-Hot 状态编码对每一个状态采用一个触发器，即 4 个状态的状态机需要 4 个触发器，同一时间仅一个状态位处于有效电平。One-Hot 状态编码使用的触发器较多，但是逻辑简单、速度很快。

② Gray 状态编码

Gray 状态编码每次仅一个状态位发生变化。在使用 Gray 状态编码时，触发器使用较少，速度慢，不会产生两位同时翻转的情况。采用 Gray 状态编码时，T 触发器是一个很好的选择。

③ Compact 状态编码

Compact 状态编码能够使所有的状态位和触发器的数目变少，该编码技术基于超立方体浸润技术。当进行面积优化的时候可以采用 Compact 状态编码。

④ Johnson 状态编码

Johnson 状态编码能够使状态机保持一个很长的路径，而不会产生分支。

⑤ Sequential·状态编码

Sequential 状态编码采用一个可标示的长路径，并采用连续的基 2 编码描述这些路径，产生的次态逻辑最简。

⑥ Speed1 状态编码

Speed1 状态编码用于速度的优化。状态寄存器中所用的状态位数取决于特定有限自动状态及 FSM，但一般情况下它要比 FSM 的状态多。

4.3 DDS 波形发生器

1. 实验目的

学习利用 EDA 技术和 FPGA 技术实现 DDS 波形发生器的设计。

2. 实验设备与元器件

（1）DSE-V 数字电路实验平台　　　　　1 台
（2）计算机　　　　　　　　　　　　　1 台
（3）Quartus II 软件　　　　　　　　　1 套

3. 实验内容

利用 FPGA+DAC，设计一个 DDS 波形发生器，要求：

（1）分辨率优于 1Hz；

（2）ROM 表长度 8 位、位宽 10 位；

（3）输出频率优于 100kHz，且每周期大于 50 个点；

（4）可切换显示信号频率和频率控制字；

（5）能够直接输入频率控制字或输出频率控制字。

4．项目相关说明

（1）DDS 技术简介

直接数字合成（DDS）技术是一种新型的频率合成技术和信号产生方法，其是在数字信号处理理论的基础上直接合成出所需要的波形。全数字的大规模集成技术，具有价格低、体积小、频率分辨率高、变频快、易智能控制等特点，这些特点使得 DDS 技术成为频率合成技术的理想解决方案之一。近年来 DDS 理论的进一步提升，使得其广泛应用于通信、现代仪器仪表、雷达、远程控制、电子对抗等领域。

DDS 不仅能产生正弦波，还能产生我们所需要的任意波，这就是其优越于其他频率合成技术的最重要的一点。任意波被广泛应用于各个领域，特别是在测量和测试领域。这是一种简单而低成本的方法，可以在 DDS 中产生任意波，通过增加波形点，可以达到高精度，这是其他方法无法比拟的。

（2）DDS 基本原理

目前使用最广泛的一种 DDS 实现方式是使用高速存储器存储波形数据，使用高速处理芯片快速查找并读取存储器内的数据，然后通过高速 DAC、滤波器产生正弦波，其基本结构图如图 4.3.1 所示。

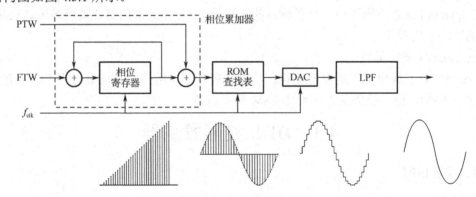

图 4.3.1　DDS 基本结构图

由结构图可以看出 DDS 由相位累加器、ROM 查找表、D/A 转换器（DAC）及低通滤波器（LPF）构成。其中，系统时钟 f_{clk} 由高速稳定的晶振提供，驱动一个 N 位相位累加器，以频率控制字 FTW 为步长进行累加计算，相位控制字为 PTW，且可以累加 2^N 次。累加的数值作为波形存储器 ROM 的寻址地址，使其扫描并读取 ROM 中存有的正弦波的幅值数据，之后由 DAC 将读取出的数字信号转换成模拟信号，最后使用低通滤波器，使输出波形变得光滑，图 4.3.1 中的四个波形图反映了其中各部分输出的理论模型。

设参考时钟为 f_c，则输出时钟 f_o 为

$$f_o = \frac{\text{FTW} \cdot f_c}{2^N}$$

① 相位累加器

相位累加器是由 N 位加法器和 N 位寄存器级联构成的，其原理为在工作时钟 f_{ref} 的触发沿到来时，加法器将频率控制字 FTW 与寄存器输出的相位累加数据相加，然后将结果送至累加器的输入端。在工作时钟 f_{ref} 的下一个触发沿到来时，将上一次的累加数据继续

与频率控制字进行相加，相位累加器在时钟作用下不断进行累加，当寄存器存满后归零，表示完成一个周期，之后重复此周期动作，不断的为存储器提供寻址地址。

② ROM 查找表

将一个周期的幅值等分成 2^N 份存入 ROM 中，实现相位和幅值的映射关系。其中，相位累加器提供相位数据，ROM 查找表根据相位累加器输出的寻址地址输出对应的幅值，即输出波形的抽样幅值。位寻址地址相当于正弦信号离散成具有有限个样值的序列，将每个样值与其幅值一一对应，即可输出相应相位的正弦信号的幅值。

③ D/A 转换器

数/模转换器的作用是把合成数字形式的离散正弦信号转换成模拟信号。由图 4.2.1 可知，正弦离散信号序列经过 D/A 转换后变为正弦包络的阶梯波，并且阶梯的宽度由 DAC 的分辨率和 ROM 查找表的位宽决定，当分辨率和位宽越高时，离散信号的间隔越小，合成正弦波台阶数就越多，输出的波形精确度就越高。同时，为了确保输出的幅度量化值能及时地转换成对应的模拟信号，数/模转换器和相位累加器应工作在相同的频率。

④ 低通滤波器

如图 4.2.1 所示，由于 DAC 的分辨率有限，DAC 输出的模拟信号是阶梯信号，因此低通滤波器的作用是平滑 DAC 输出的阶梯波。对 DAC 输出的阶梯波进行频谱分析可知，除主频外，在主瓣两边还存在非谐波分量。根据 DAC 的工作原理可以知道其输出信号的频谱为 SINC 函数包络，会存在很多镜像。因此低通滤波器的另一个作用是滤除非谐波分量。

已知，理想的正弦波信号 $s(t)$ 可以表示为

$$s(t) = A\sin(2\pi f \cdot t + \varphi)$$

令采样频率为 f_s，采样得到的结果为

$$S(n) = A\sin(2\pi f \cdot nT_s + \varphi) \quad n = 0,1,2,\cdots$$

式中，T_s 是采样周期。且相位离散序列为

$$\delta(n) = 2\pi f \cdot nT_s + \varphi \quad n = 0,1,2,\cdots$$

故相位增量的表达式为

$$\nabla\delta(n) = 2\pi f \cdot nT_s$$

由于 f、f_s 的关系为

$$\frac{f}{f_s} = \frac{\text{PTW}}{\text{FTW}}$$

故相位增量可以表示为

$$\nabla\delta(n) = \frac{2\pi \cdot \text{PTW}}{\text{FTW}}$$

因为 $\dfrac{2\pi \cdot \text{PTW}}{\text{FTW}}$ 中的每一项均为常数，相位被均匀的等分，故正弦信号对应的量化序列为

$$\delta(n) = n\frac{2\pi \cdot \text{PTW}}{\text{FTW}} \quad n = 0,1,2,\cdots$$

由 $\delta(n)$ 构建序列

$$S(n) = A\sin(2\pi f \cdot nT_s + \varphi)$$

$$= A\sin\left(2\pi\frac{f \cdot n}{f_s} + \varphi\right) = A\sin\left(2\pi\frac{\text{PTW} \cdot n}{\text{FTW}} + \varphi\right)$$

由奈奎斯特准则可知，使用采样信号 f_s 对连续信号 $s(t)$ 进行采样，采样信号频率至少是被采样频率的两倍，即当

$$\frac{f}{f_s} = \frac{\text{PTW}}{\text{FTW}} < \frac{1}{2}$$

时可以无失真的恢复 $s(t)$。由上述几个公式可知，在 N 确定的情况下，调整 FTW 的值可以得到不同频率的输出，当 FTW=1 时，输出的频率最小，即

$$f_{\min} = \frac{f_{\text{clk}}}{2^N}$$

为 DDS 的频率分辨率。由奈奎斯特准则可知，输出的最高频率为采样信号频率的一半，即 FTW$\leqslant 2^{N-1}$，但在实际工程使用中，由于低通滤波器的限制，一般情况下

$$f_{\max} \leqslant 0.4 \cdot f_s$$

（3）DDS 优缺点

DDS 作为比较理想化的直接数字合成器，主要具备以下几点优势。首先，其频率分辨率高，输出频点也比较多，可以根据相位累加器的位数 N 来决定各种频率。DDS 可以产生任意波，它具有可以完全数字化，易于集成，体积小，重量轻等优点，因此具有很高的性价比。

DDS 除具有很多优点之外，还不可避免的具有一些缺陷。例如，输出带宽有限，受限于 DDS 内部 DAC 和 ROM 的工作速度，DDS 输出的最大频率是有限的。此外，DDS 的输出散杂大，由于 DDS 采用全数字结构，因此引入散射是必然的。

4.4　等精度频率计

1．实验目的

学习利用 EDA 技术和 FPGA 技术实现等精度频率计的设计。

2．实验设备与元器件

（1）DSE-V 数字电路实验平台　　　　　1 台
（2）计算机　　　　　　　　　　　　　1 台
（3）Quartus II 软件　　　　　　　　　1 套

3．实验内容

设计一个简易等精度频率计，要求：

（1）测量信号为方波：

幅度：TTL 电平，

频率：1Hz～1MHz；

（2）测试误差≤0.1%（全量程）；

（3）闸门时间约为 1s，响应时间小于 2s；

（4）测量结果采用十进制显示。

4．实验相关说明

频率是电信号的特征之一，与振幅、平均电流或电压等特性相比，它的测量值是最简单且最准确的。由于测量频率比测量电信号的其他参数更容易、可靠，故许多高精度传感器物理值的测量是基于将测量值转换为频率值的原理，提高不同测量系统的准确度也是影响相关测频方法和手段的重要因素。

常用的测频方法主要包括直接计数测频法、等精度测频法、游标测频法、内插测频法、差拍测频法、频标比对技术。

（1）直接计数测频法

直接计数测频法是最基本的一种测频方法，实现也较为简单。该方法直接对指定时间内的完整信号个数进行计数，根据累计的信号个数换算出被测信号的频率，根据计数对象的不同又分为直接测频法和直接测周期法两种方法。

① 直接测频法

直接测频法通常又称为 M 法，其测量原理如图 4.4.1 所示，选取一个基准频率信号作为指定的闸门信号，并在闸门信号电平保持有效的时间 T 内统计出被测信号的整周期个数 N，根据时间 T 和周期个数 N 即可求得被测信号的频率 f_x。

$$f_x = \frac{N}{T}$$

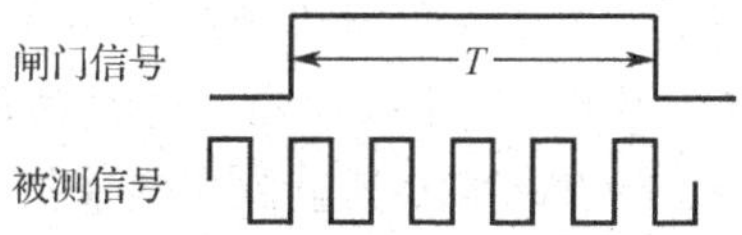

图 4.4.1　直接测频法测量原理图

由测量原理可知，测量结果的误差由两部分组成，一是选取的闸门信号时间 T 的误差，二是被测信号的周期个数 N 的误差，因此根据误差合成原理，使用该方法进行测频的总误差为

$$\frac{\Delta f_x}{f_x} = \pm \left(\frac{|\Delta N|}{N} + \frac{|\Delta T|}{T} \right)$$

式中，第一项 $|\Delta N|/N$ 表示被测信号周期个数的相对误差，这是因为闸门信号的开启和关闭与被测信号并不同步导致的，因此在闸门信号两端可能会产生最多±1 个周期的误差；第二项 $|\Delta T|/T$ 表示闸门信号时间 T 的相对误差，闸门信号是将时间基准信号分频后得到的，所以该项误差又等于时间基准信号的频率准确度 $|\Delta f_0|/f_0$，结合 $N = T \cdot f_x$，上式可进一步写为

$$\frac{\Delta f_x}{f_x} = \pm \left(\frac{1}{T \cdot f_x} + \frac{|\Delta f_0|}{f_0} \right)$$

通过以上分析可以得出，时钟基准信号的准确度越高，测量误差越小，而在时钟基准

信号准确度确定的条件下，闸门信号有效电平维持越久，被测信号的频率越高，则误差越小，因此该方法适用于进行高频信号的频率测量。

② 直接测周期法

直接测周期法又称为 T 法，其测量原理如图 4.4.2 所示，该方法将被测信号作为闸门信号，并在其有效电平持续期内对频率更高的基准信号进行计数，设基准信号的频率为 f_0，个数为 N，则可测算出被测信号的频率

$$f_x = \frac{f_0}{N}$$

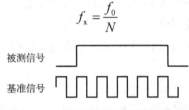

图 4.4.2　直接测周期法测量原理图

从图 4.4.2 中可以看出 T 法的测量误差是由对基准信号计数产生的误差造成的，基准信号会在闸门两端产生±1 个数字误差，暂不考虑基准信号本身的误差，则测量误差可以表示为

$$\frac{\Delta f_x}{f_x} = \pm \frac{1}{N} = \frac{1}{T \cdot f_x} = \pm \frac{f_x}{f_0}$$

通过上式可以看出，若被测信号的频率降低，则相应的误差也会减小，因此直接测周期法适用于低频测量。

通过以上的分析，可以看出直接计数测频法测量原理简单，易于实现，但也存在着明显的局限性，测量过程都会存在着±1 个计数误差，并且当被测信号频率改变时，测量的精度也会随着改变，不能保证在一个较宽的测量范围内保持一个恒定的测量精度，整体上直接计数测频法的测量精度相对较低。

（2）等精度测频法

等精度测频法又称为多周期同步测频法，其特点是做到了闸门信号与被测信号的同步，这样一来避免了对被测信号进行计数可能造成的±1 个数字误差，并且在较宽的频率测量范围内可以保证恒定的测量精度，这些特点赋予了该方法在频率测量方面显著的优越性。其基本原理如图 4.4.3 所示。

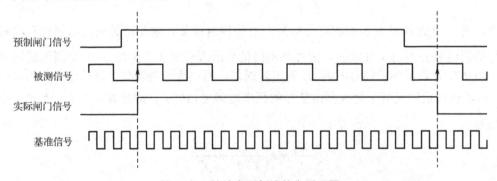

图 4.4.3　等精度测频法基本原理图

测量开始时，首先产生一个初始的闸门信号，此时并不开始对被测信号及基准信号的个数进行统计，而是等到下一个被测信号的上升沿到来时才产生同步的计数使能信号，对被测信号和基准信号进行计数。当初始闸门信号的下降沿到达后，并不立刻停止对被测信号和基准信号的计数，而是要等到下一个被测信号的上升沿到来时才停止对两组信号的计数，可以看出计数是受实际闸门信号控制的，而实际闸门信号是由被测信号来同步控制的，实际闸门信号的有效持续时间是被测信号周期的整数倍，因此测量过程不存在被测信号的±1 计数误差。

两个计数器分别对被测信号和基准信号进行计数，统计的被测信号的个数设为 N_x，基准信号的统计个数记为 N_s，基准信号频率用 f_s 表示，则可测算出被测信号的频率为

$$f_x = \frac{f_s}{N_s} \cdot N_x$$

根据测量原理，实际闸门信号是由被测信号决定的，即两者是同步的，因此 N_x 不存在计数误差，即 $\Delta N_x = 0$，而基准信号的统计个数 N_s 存在±1 计数误差，因此被测信号频率的相对误差可以表示为

$$\left| \frac{\Delta f_x}{f_x} \right| = \left| \frac{\Delta f_s}{f_s} \right| + \left| \frac{1}{N_s} \right|$$

式中，$|\Delta f_s|/f_s$ 是基准信号频率的相对误差。

由以上推导结果可得出以下结论，等精度测频法的测量误差只取决于闸门信号时间 T 的长短和基准信号的频率大小，而与被测信号频率大小无关；并且增大闸门信号时间 T 或提高基准信号频率 f_s 及其准确度，可以提高测量精度。实现过程中只要选取合适的闸门信号时间 T 及正确的基准信号频率，就能达到预期的测量精度指标和速度要求。

4.5　信号存储与回放系统

1．实验目的

学习利用 EDA 技术和 FPGA 技术实现信号存储与回放系统的设计。

2．实验设备与元器件

（1）DSE-V 数字电路实验平台　　　　　　1 台

（2）计算机　　　　　　　　　　　　　　1 台

（3）Quartus II 软件　　　　　　　　　　1 套

3．实验内容

设计一个信号存储与回放系统，要求：

（1）信号频率约为 100Hz，波形为单极性正弦波和三角波，V_{pp} 为 4V；

（2）ADC 采样频率 f_s 为 4kHz，字长为 8 位；

（3）信号存储时间≥4s；

（4）DAC 的转换频率 f_c 为 4kHz，字长为 8 位；

（5）用示波器观察回放波形应无明显失真；

（6）回放方式：直通方式（采集数据后直接回放，不存储）、单次回放、循环回放；

（7）数据编码：4 位 DPCM（1 位符号，3 位数据）；

（8）计算对 V_{pp} 为 4V 的单极性正弦波，4 位 DPCM 编码，不失真的信号最大频率。

4. 实验相关说明

（1）脉冲编码调制（PCM）

脉冲编码调制（Pulse Code Modulation，PCM）在通信系统中完成将语音信号数字化的功能，是一种对模拟信号数字化的取样技术，也是一种将模拟信号变换为数字信号的编码方式，特别是音频信号。PCM 每秒钟对信号取样 8000 次，每次取样 8 位，总共 64kbps。PCM 的实现主要包括三个步骤：抽样、量化、编码，分别完成时间上离散、幅度上离散、量化信号的二进制表示。PCM 原理框图如图 4.5.1 所示。

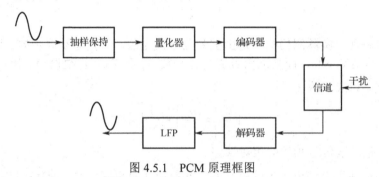

图 4.5.1 PCM 原理框图

根据 CCITT 的建议，为改善小信号量化性能，采用压扩非均匀量化，有两种建议方式，分别为 A 律和 μ 律方式，我国采用 A 律方式。由于 A 律压缩实现复杂，常使用 13 折线法编码，采用非均匀量化 PCM 编码。

（2）差分脉冲编码调制（DPCM）

DPCM 编码，简称差值编码，是对模拟信号幅度抽样的差值进行量化编码的调制方式。这种方式是用过去的抽样值来预测当前的抽样值，对它们的差值进行编码。差值编码可以提高编码频率，这种技术已应用于模拟信号的数字通信之中。

对于有些信号（如图像信号），由于信号的瞬时斜率比较大，很容易引起过载，因此，不能用简单增量调制进行编码，除此之外，这类信号也没有像语音信号那种音节特性，因而也不能采用像音节压扩那样的方法，只能采用瞬时压扩的方法。但瞬时压扩实现起来比较困难，因此，对于这类瞬时斜率比较大的信号，通常采用一种综合了增量调制和脉冲编码调制特点的调制方法进行编码，这种编码方式简称为脉冲增量调制或差值脉码调制，用 DPCM 表示。

这种调制方法的主要特点是把增量值分为各个等级，然后把不同等级的增量值编为二进制代码再送到信道传输，因此，它兼有增量调制和 PCM 的特点。

4.6 FIR 数字滤波器

1. 实验目的

掌握 Quartus II 的 FIR 核的配置、使用、仿真等操作。

2．实验设备与元器件

（1）DSE-V 数字电路实验平台	1 台
（2）计算机	1 台
（3）Quartus II 软件	1 套
（4）函数信号发生器	1 台
（5）示波器	1 台

3．实验内容

设计一个低通 FIR 滤波器，设计要求：

（1）采样率：1MHz；

（2）截止频率：0.1MHz；

（3）衰减：大于 30dB；

（4）输入数据：8 位；

（5）输出数据：12 位；

（6）其他设置：自由。

实验验证：

（1）用正弦波测试验证截止频率和幅值衰减；

（2）用示波器观察矩形波经滤波器后的变化。

4．实验原理

（1）FIR 数字滤波器

数字滤波器是数字信号处理领域的一个重要算法，利用它可以在形形色色的信号中提取需要的信号和抑制不需要的信号（干扰、噪声）。FIR 滤波器（Finite Impulse Response filter，有限冲击响应滤波器）本身是 DSP 的核心和特色，而且它的加权原理更是信号与信息处理的基础之一。它最大的特点是稳定、简单，而且有多种设计方法。低通滤波器是最基础、最常用的类型。

还有一类重要的滤波器，即 IIR 滤波器（Infinite Impulse Response filter，无限冲击响应滤波器）。通常它只能由模拟系统直接类推得到，其优点是可以用比 FIR 滤波器少的阶数产生较好的幅频特性，缺点是相频特性很差，从而导致非线性失真严重，而且由于存在反馈回路，系统可能是不稳定的。而 FIR 滤波器，采用系数对称结构，有精确的线性相位特性；不存在反馈，是无条件稳定系统。同时窗函数法等大多数算法都能够逼近任意的频率响应。另外，修改 FIR 滤波器的算法可以实现其他功能，比如，只需要在 FIR 滤波器中增加可以存放几级输出序列的延时存储器就是 IIR 滤波器了。

FIR 数字滤波器实质上是用一个有限精度的算法实现离散时间线性非时变系统，以完成对信号进行滤波处理的器件。其输入是一组由模拟信号经过取样和量化的数字量，输出是经过处理的另一组数字量。在实际应用中，多数情况下，利用数字滤波器对模拟信号进行处理的过程一般如图 4.6.1 所示。

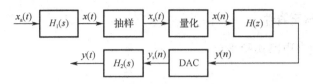

图 4.6.1 数字滤波器处理模拟信号框图

图 4.6.1 中输入端接一个低通滤波器 $H_1(s)$，对输入信号 $x_a(t)$ 的频带进行限制，以避免频谱混叠。输入信号经过 $H_1(s)$ 的预处理后，进行抽样、量化（即所谓的 A/D 转化），然后进入数字滤波器 $H(z)$ 滤波。滤波后的信号 $y(n)$ 经过 D/A 转换器进入另一个低通滤波器 $H_2(s)$，以便将 D/A 转换器输出的模拟量良好地恢复成时间连续信号。

有限冲击响应（FIR）数字滤波器按照基本结构分为直接型、级联型和频率抽样型 3 种。直接型结构如图 4.6.2 所示。

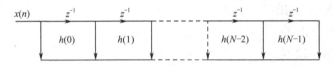

图 4.6.2 FIR 数字滤波器直接型结构

上述结构的 FIR 数字滤波器的输入与输出关系所用的时域卷积公式为

$$y(n) = \sum_{m=0}^{N-1} h(m)x(n-m)$$

（2）Quartus II 的 FIR IP 核

自主设计 FIR 滤波器要求设计人员具有扎实的数字信号处理算法基础，而且要对 HDL 语言很熟悉，调试难度大，开发周期长。为方便用户使用 FPGA 芯片，Altera 公司对常用的数字信号处理算法提供了相应的 IP 核，这些 IP 核支持参数化设置，能够最大限度地满足用户设计需求，并提供仿真验证功能，甚至能够用 JTAG 电缆加载到芯片内进行 1h 的限时硬件验证。在所有的软、硬件验证合格后，通过购买相应 IP 核 license 即可实现对设计的固化。

① 生成 IP 核

Altera 公司在 Quartus II 软件中对其开发的 IP 核进行了统一规划，用户可以通过菜单中的 Tools→Mega Wizard 命令打开该向导。然后在 Mega Wizard 向导界面左侧窗口中执行 DSP→Filters→FIR Compiler 命令，在界面的右侧窗口可以选择相应的 FPGA 器件，生成 FIR 核的 HDL 语言类型，以及文件的路径和名称。完成设置后单击 Next 按钮，进入 FIR 核的参数设置界面，如图 4.6.3 所示。

同其他 DSP 核的参数设置界面相似，FIR 核的参数设置总体分成 3 步：

A．规划具体核参数，选择核的硬件结构；

B．生成核的仿真模型；

C．对设置好参数的 FIR 核进行硬件生成。

在这些步骤之前，Altera 还提供了与核相关的介绍文档，包括核的概要介绍、核的文档链接、核的端口模型。通过文档链接界面，用户能够方便地获取 FIR 核的用户手册，用户手册提供了关于核的丰富信息，建议初学者认真阅读本手册，并对照手册的说明对核进行参数设置和功能仿真，然后再考虑将其应用到相应的用户工程中。FIR核的端口模型为用户提供了清晰的输入和输出引脚名称、位宽和信号方向等信息，方便用户在自己的工程中对其进行调用。

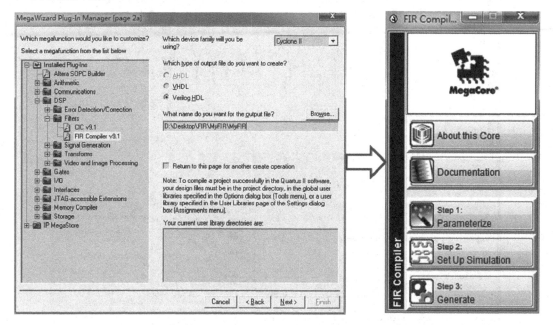

图 4.6.3　Mega Wizard 向导与 FIR 核参数设置界面

下面对 FIR 核的参数进行详细设置，并对各参数进行详细介绍。单击图 4.6.3 中的 Step1 按钮，进入参数详细设置界面，如图 4.6.4 所示。

在该界面的左上角有 3 个按钮，分别用来设置新的系数、编辑系数、移除系数。界面还可以显示所设置滤波器的频域和时域响应。为方便对照，界面还提供系数量化前和量化后的结果比较，这样可方便用户对核在 FPGA 硬件实现后的性能进行评估。

在界面下部提供的参数设置包括系数量化的位宽设置、器件设置、FIR 滤波器硬件结构设置、流水线等级设置、数据存储方式设置和系数存储方式设置等。其中 FIR 滤波器硬件结构设置比较关键，若需要最快的滤波速度，则可以选择全并行结构，否则选择串行结构，可大大降低资源消耗。

在界面的右下角给出所选参数 FIR 滤波器在硬件实现时的硬件消耗表；界面的右侧可设置数据率、通道数、输入数据位宽/类型、输出数据的截取类型等。

下面说明滤波器系数的具体设置方法，单击界面左上角的 New Coefficient Set 按钮，进入"FIR 系数设置"对话框，如图 4.6.5 所示。在对话框的下部设置滤波器的类型为 Low Pass、阶数为 97、截止频率为 5E4、窗函数类型为 Rectangular、采样率为 1E6，单击 Apply 按钮，得到所设计滤波器的幅频响应曲线。

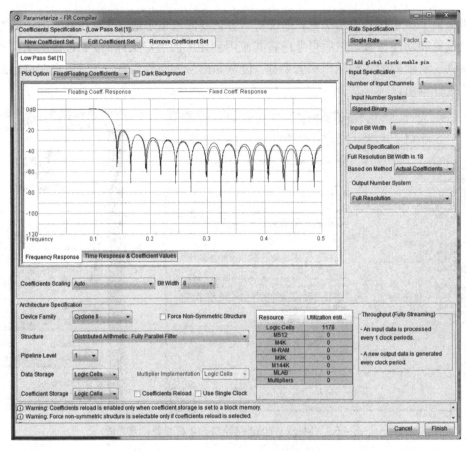

图 4.6.4　FIR 核参数详细设置界面

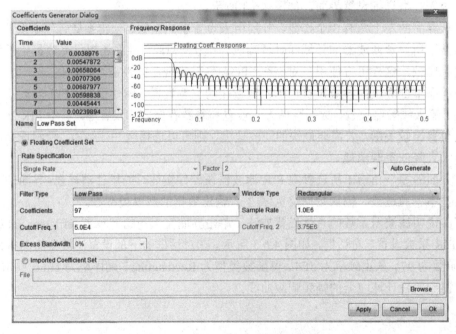

图 4.6.5　"FIR 系数设置"对话框

由图 4.6.5 可观测所设计滤波器在频率为 0.1 的时候抑制能力为 35dB，若未能满足用户需求，可提高滤波器的阶数，对其进行重新设计。然后单击 OK 按钮返回滤波器系数设置主界面。在主界面中除了可以观测滤波器的幅频响应，还可以观测其脉冲响应，如图 4.6.6 所示。

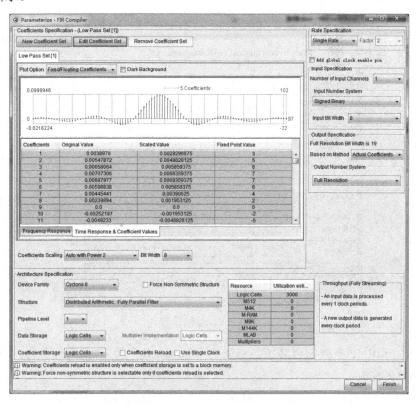

图 4.6.6　FIR 的脉冲响应

单击 Finish 按钮完成滤波器的系数设置，返回 FIR 参数设置主界面。单击 Step2 按钮，进入如图 4.6.7 所示仿真参数设置界面。

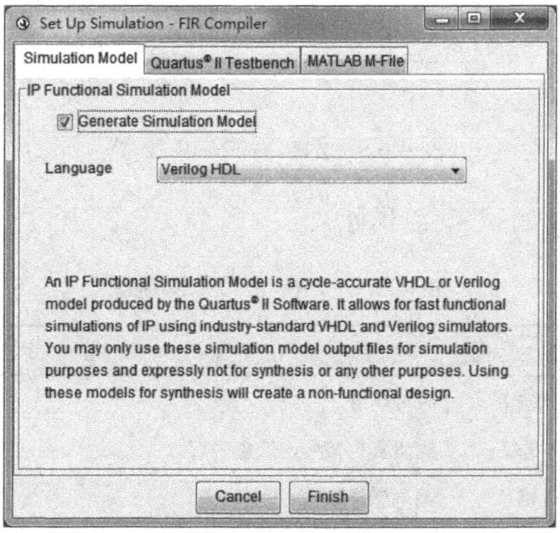

图 4.6.7　仿真参数设置界面

通过该界面可以设置仿真向量 HDL 语言、Quartus II 仿真向量输出和 MATLAB 仿真模型输出等。待参数设置完毕，单击 FIR 参数设置主界面中的 Step3 按钮，完成 FIR 核的生成，并弹出如图 4.6.8 所示总结报告。总结报告给出了生成 FIR 核的全部文件及其简要说明，其中*.v 文件是需要加入用户工程进行引用的。

图 4.6.8　总结报告

至此一个 FIR IP 核就创建好了。可以在 Quartus II 中将 IP 核进行例化，例化之后的元件如图 4.6.9 所示。

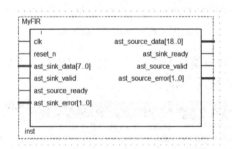

图 4.6.9　例化后的 FIR IP 核

其中各个引脚的功能如表 4.6.1 所示。

表 4.6.1　FIR IP 核引脚说明

信　号	方　向	描　述
clk	输入	时钟信号
reset_n	输入	同步复位信号，低电平有效
ast_sink_data	输入	输入采样数据
ast_sink_valid	输入	输入数据有效标志

信　号	方　向	描　述
ast_source_ready	输入	如果下行模块能够接收数据，该引脚被下行模块拉高
ast_sink_error	输入	错误提示：00：没有错误；01：丢失包首；10：丢失包尾；11：未知的包尾
ast_source_data	输出	滤波输出数据
ast_sink_ready	输出	在当前时钟内若滤波器可以接收数据，该引脚会被拉高
ast_source_valid	输出	通知下行模块当前数据是有效的
ast_source_error	输出	错误提示

② FIR Core 仿真

针对 FIR 核的仿真若采用波形输入法会显得比较繁琐，可以使用 vec 文件结合 MATLAB 软件来进行仿真。在这里需要在 MATLAB 中生成对应的 vec 文件，然后使用 Quartus II 中的 Simulator Tool 指定该 vec 文件进行仿真。vec 文件的基本语法格式可以参考第一章的相关内容，生成 vec 文件的 MATLAB 代码如下：

```
function test1
N = 450;
t = (1:N) / 1e6;
    % 生成信号 1
f1 = 20e3;
x = sin(2*pi*f1*t);
yq1 = quantiz(x+1, [0:(1/64):(2-1/32)]+1/128, [0:127]) - 63;    % 量化
    % 生成信号 2
f2 = 100e3;
x = sin(2*pi*f2*t);
yq2 = quantiz(x+1, [0:1/64:(2-1/32)]+1/128, [0:127]) - 63;    % 量化
    % 生成叠加信号
y_sum=   yq1 + yq2;
plot(y_sum)
    % 生成 vec 文件
startTime = 0;
stopTime = N;
f1 = fopen('FIR.vec','w+');
fprintf(f1,'Unit us;\n');
fprintf(f1,'Start %d;\n', startTime);
fprintf(f1,'Stop %d;\n\n', stopTime);

fprintf(f1,'Interval 0.5;\n');
fprintf(f1,'Inputs clk;\n');
fprintf(f1,'Pattern 0 1;\n\n');

fprintf(f1,'Inputs reset_n;\n');
fprintf(f1,'Pattern\n');
fprintf(f1,'0>1;\n\n');
```

```
fprintf(f1,'Inputs ast_sink_valid;\n');
fprintf(f1,'Pattern\n');
fprintf(f1,'0>1;\n');
fprintf(f1,'Inputs ast_source_ready;\n');
fprintf(f1,'Pattern\n');
fprintf(f1,'0>1;\n');
fprintf(f1,'Inputs ast_sink_error[1..0];\n');
fprintf(f1,'Pattern\n');
fprintf(f1,'0>0;\n\n');

fprintf(f1,'Inputs ast_sink_data[7..0];\n');
fprintf(f1,'Radix Bin;\n');
fprintf(f1,'Pattern\n');
for i=1:N
    fprintf(f1,'%d>%s\n', i, dec2bin_comp(y_sum(i), 8));
end
fprintf(f1,';\n\n');

fprintf(f1,'Outputs ast_source_data[17..0];\n');
fprintf(f1,'Radix Dec;\n\n');

fprintf(f1,'Outputs ast_sink_ready;\n');
fprintf(f1,'Outputs ast_source_valid;\n');
fprintf(f1,'Outputs ast_source_error[1..0];\n\n');

fclose(f1);
disp('完成');
end

function y = dec2bin_comp(a, N)
if (a >= 0)
    y = dec2bin(a, 32);
else
    b = dec2bin(-a, 32);
    c = b;
c(b == '0') = '1';
c(b == '1') = '0';
c(1) = '1';
    y = dec2bin(bin2dec(c) + 1);
end

if(length(y) < N)
    y = strcat(repmat(y(1),1,N-length(y)), y);
elseif(length(y) > N)
    y = y(length(y)-N+1:length(y));
end
end
```

上述代码生成了一个 20kHz 的信号与 100kHz 的信号的叠加形式作为滤波器的输入，同时针对其他引脚也作出了相应的赋值操作。运行以上代码会生成仿真所需的"FIR.vec"文件，然后在 Quartus Ⅱ 软件的 Simulator Tool 中将仿真文件指定为该文件，如图 4.6.10 所示。

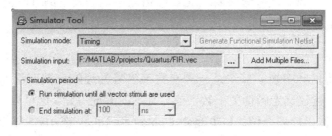

图 4.6.10　指定 vec 文件

然后开始仿真，仿真结果如图 4.6.11 所示。

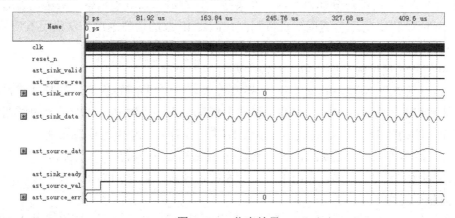

图 4.6.11　仿真结果

从仿真结果可见，FIR 核可以较好地滤除 100kHz 的正弦波分量，且信号无明显失真，当仿真通过之后便可以上板进行实际测试。

4.7　快速傅里叶变换（FFT）

1．实验目的

（1）掌握快速傅里叶变换（FFT）的原理；
（2）理解 FFT 的结果含义；
（3）掌握 Quartus Ⅱ 的 FFT 核的配置、使用等操作。

2．实验设备与元器件

（1）DSE-V 数字电路实验平台　　　　　　1 台
（2）计算机　　　　　　　　　　　　　　1 台
（3）Quartus Ⅱ 软件　　　　　　　　　　1 套
（4）函数信号发生器　　　　　　　　　　1 台

（5）示波器 　　　　　　　　　　　　　　　1 台

3. 实验内容

基于 FFT IP 核和数字系统实验平台（可外加单片机）设计一个简易频谱分析系统，系统指标、功能自行选择，可选功能：LCD 频谱测量、失真度测量、谐波功率测量。

4. 实验原理

（1）FFT 简介

DFT（离散傅里叶变换）算法是一种在数字信号处理领域被广泛使用的算法，关于 DFT 的详细介绍，建议读者阅读关于数字信号处理的专业书籍，这里只对其快速算法 FFT（快速傅里叶变换）做简要介绍。FFT 是由 Cooley 和 Tukey 在 1965 年提出的，FFT 在数字信号处理领域得到了广泛应用，各大 FPGA 生产厂家也都提供了相应的运算点数可以改变的 FFT 核，其运算速度相对于其他由 DSP 器件实现的 FFT 要快得多，这些基于 IP 核的 FFT 设计将在本章后续部分加以介绍。在某些工程领域（如电子侦察、雷达、高速图像处理等），有时对 FFT 的运算速度要求特别高，商用 IP 核的运算速度无法满足其应用要求，必须研制具有用户自主知识产权的快速 FFT 运算核。

从 FFT 算法理论的发展上看，目前主要有两个方向。

① 组合数 FFT 算法，针对 FFT 变换点数 N 等于 2 的整数次幂，如基 2 算法、基 4 算法、基 8 算法、实因子算法、分裂基算法及任意组合因子算法，利用系数的周期性和对称性，使长序列的 DFT 分解成更小点数的 DFT，从而大大减少运算工作量。

② N 不等于 2 的整数次幂的算法，以威诺格兰德为代表的一类傅里叶变换算法（WFTA 算法和 PFTA 算法），利用下标映射和数论及近代数学的知识，去掉级间的旋转因子，从而减少运算量。

PFTA 算法和 WFTA 算法在运算量上占优，用的乘法器比库利-图基算法少，但控制复杂，控制单元实现起来相对麻烦。在硬件实现中，需要考虑的不仅是算法运算量，更重要的是算法的复杂性、规整性和模块化。控制简单、实现规整的算法在硬件系统实现中要优于仅仅是在运算量上占优的算法。分裂基算法具有一定的优势，综合了基 4 算法和基 2 算法的运算特点，但其蝶式运算结构在控制上要复杂一些。

一维傅里叶变换中，设 $x(n)$ 是长为 N 的复序列，其 DFT 定义为

$$X(k) = \mathrm{DFT}[x(n)] = \sum_{n=0}^{N-1} x(n) W_N^{nk}, \quad 0 \leqslant n \leqslant N-1$$

其 IDFT 定义为

$$x(n) = \mathrm{IDFT}[X(k)] = \frac{1}{N} \sum_{k=0}^{N-1} X(k) W_N^{-nk}, \quad 0 \leqslant k \leqslant N-1$$

式中，$W_N^{nk} = \mathrm{e}^{-\mathrm{j}2\pi nk/N}$。$x(n)$ 与 $X(k)$ 构成了离散傅里叶变换对。根据上述公式，计算一个 $X(k)$，需要 N 次复数乘法和 N-1 次复数加法，而计算全部 $X(k)(0 \leqslant k \leqslant N-1)$，共需要 N^2 次复数乘法和 $N(N-1)$ 次复数加法，直接计算全部 $X(k)$ 共需要 $4N^2$ 次实数乘法和 $2N(2N-1)$ 次实数加法。可见，工作量与 N^2 成正比，N 越大运算量越多。为减少运算量，提高运算速度，就必须改进算法。计算 DFT 过程中需要完成的运算系数里，存在相当多的对称性。通过研

究这种对称性，可以简化计算过程中的运算，从而减少计算 DFT 所需的时间。

利用 W_N^{nk} 的周期性、对称性、可约性 3 大特性，可将 $x(n)$ 或 $X(k)$ 序列按一定规律分解成短序列进行运算，这样可以避免大量的重复运算，提高计算 DFT 的运算速度。算法形式可以分为两大类，即按时间抽取 FFT 算法和按频率抽取 FFT 算法。

这里介绍基 2 时间抽取 FFT 算法，设序列长度 N 是 2 的整数幂次方 $N=2^M$，其中 M 为正整数。首先将序列 $x(n)$ 分解为两组，偶数项为一组，奇数项为一组，得到两个 $N/2$ 点的子序列，即

$$x_1(r) = x(2r), \quad x_2(r) = x(2r+1), \quad 0 \leqslant r \leqslant N/2 - 1$$

$$X(k) = \mathrm{DFT}\big[x(n)\big] = \sum_{n=0}^{N-1} x(n)W_N^{nk}$$

$$= \sum_{r=0}^{N/2-1} x(2r)W_N^{2kr} + \sum_{r=0}^{N/2-1} x(2r+1)W_N^{k(2r+1)}, \quad 0 \leqslant n \leqslant N-1$$

式中，$X(k)$ 和 $X_2(k)$ 分别为 $x_1(r)$ 和 $x_2(r)$ 的 DFT。利用 W_N^{nk}，上式可以写为

$$\begin{cases} X(k) = X_1(k) + W_N^{nk} X_2(k) \\ X(k + N/2) = X_1(k) - W_N^{nk} X_2(k) \end{cases} \quad 0 \leqslant k \leqslant N/2 - 1$$

用图形化的方式表示如图 4.7.1 所示。每个蝶形运算需要一次复数乘法和两次复数加法。采用这种表示方法，上述分解运算的过程流图如图 4.7.2 所示。通过分解后，每个 $N/2$ 点 DFT 需要 $N^2/4$ 次复数乘法，两个 $N/2$ 点 DFT 共需 $N^2/2$ 次复数乘法，组合运算共需 $N/2$ 个蝶形运算，需 $N/2$ 次复数乘

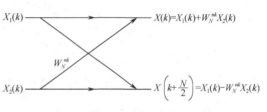

图 4.7.1　蝶形运算

法，因此共需 $N^2/2+N/2 \approx N^2/2$ 次复数乘法，与直接运算相比节省近一半的运算量。

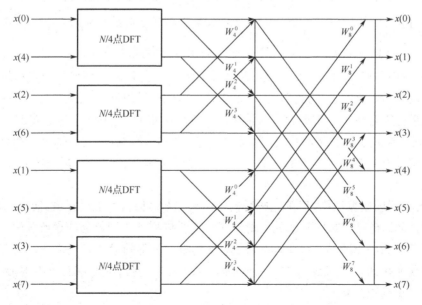

图 4.7.2　按时间抽取 8 点 DFT 分解为 4 个 2 点 DFT

由于 $N/2=2^{M-1}$ 依然为整数，因此可将该序列一直分解下去，直到最后是 2 点的 DFT 为止。对于一个 8 点的 FFT，根据上述算法可以得到一个完整的 $N=8$ 的基 2 时间抽取 FFT 算法的运算流图，如图 4.7.3 所示。根据上述 FFT 算法原理及图 4.7.3，可以归纳出基 2 时间抽取 FFT 算法的一些规律和特点。

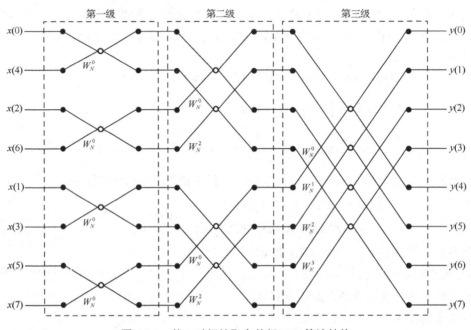

图 4.7.3 基 2 时间抽取全并行 FFT 算法结构

① 整个 FFT 流图全由蝶形运算组成，因此蝶形运算是 FFT 运算的核心，该算法的具体实现，就是如何按一定顺序依次计算完成全部蝶形运算。每个蝶形运算需要一次复数的乘法和两次复数加法。对于一个 $N=2^M$ 的序列，可以逐步分解到最后全为 2 点的 DFT。全为 N 点的 FFT 共有 $\dfrac{N}{2}M=\dfrac{N}{2}\log_2 N$ 个蝶形运算，共需复数乘法 $m_\mathrm{f}=\dfrac{N}{2}M=\dfrac{N}{2}\log_2 N$ 次，复数加法 $a_\mathrm{f}=NM=N\log_2 N$ 次，与直接计算相比运算量显著减少。

② 流图中各蝶形运算的输入量与输出量是互相不重复的，任何一个蝶形运算的两个输入量经运算后，便失去了价值，不需要保存，因此可以用同址运算实现，即经过一级运算后的结果可以存放在原来储存输入数据同一地址的单元中。因此，只需要 N 个复数的存储单元，既可存放输入的原始数据，又可存放中间结果，而且还可以存放最后的运算结果。这种同址运算方式节省了大量的存储单元，从而有效降低了设备成本，是 FFT 算法的一大优点。

③ 对于同址运算结构，运算完毕后输出结果 $X(k)$ 仍按自然顺序存放。而输入序列 $x(n)$，由于逐次按偶、奇时间顺序抽取的分解结果，重新排列了序列数据的存放顺序，因此它是按码位颠倒的顺序排放的。所谓码位颠倒，就是将二进制的最高有效位到最低有效位的位序颠倒放置而得的二进制数。例如，$N=8$ 时，$n=1$ 的二进制码位为 001，码位颠倒后为 100，即相应的二进制数为 4。

④ 实际运算中，不直接将 $x(n)$ 按照倒位序输出，通常先将其按照自然顺序输入存储

单元，并根据 FFT 算法，进行变址运算变换得到倒位序的排列。

⑤ 蝶形运算所需系数 W_N^k 各级有所不同。每级自上而下观察，均是以 W_N^0 开始，按等比级数依次递增，周期重复。例如，第 m 级运算，系数为 $W_{2^m}^l (l = 0,1,\cdots,2^{m-1} - 1)$，共 2^{m-1} 个系数，指数 l 逐次增 1，周期重复 2^{M-m} 次。计算时所需系数可以事前计算好后存在一个数表中，这样运算速度快，但需要开销内存；也可以在需要时依次递推计算，这样可节省内存，但要增加一定的运算工作量。图 4.7.3 所示这种全并行结构特点，如果采用同步时序电路，则可以实现每个时钟节拍输出一组 FFT 计算结果，从而充分发挥了并行加流水结构的快速处理特点，使得 FFT 运算速度得到极大提高。

（2）FFT 转换结果的含义

FFT 输出结果有 N 个点，每个点又分为实部 REAL[ ]和虚部 IMAG[ ]，实部代表余弦信号的幅度，虚部代表正弦信号的幅度，它们即包含了幅度信息，也含有相位信息。将复数取模后，就得到频谱图。如图 4.7.4 所示。

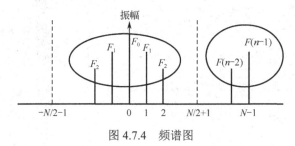

图 4.7.4　频谱图

其中，横坐标 N_x 表示 FFT 输出的第 x 个值，它对应的频率值为 $x \cdot f_s/N$；纵坐标表示各频率点的幅值大小 F_x

$$F_x = \sqrt{\text{real}^2 + \text{imag}^2}$$

右边部分为镜像，傅里叶变换有效的数值点只到 $N/2+1$，后面的点其实是镜像表示。左边部分才是频谱，注意实数形式离散傅里叶变换是对称的。信号可表示为

$$x(t) = A_0 + A_1 \times 基波 + A_2 \times 一次谐波\cdots\cdots$$

各频率信号实际幅值可以通过下式进行计算

$$\begin{cases} 直流分量：A_0 = \dfrac{F_0}{N} \\[2mm] 基波幅值：A_1 = \dfrac{F_1 + F_{N-1}}{N} = 2 \times \dfrac{F_1}{N} \\[2mm] 一次谐波幅值：A_2 = \dfrac{F_2 + F_{N-2}}{N} = 2 \times \dfrac{F_2}{N} \\[2mm] \cdots \end{cases}$$

特别的，这里的基波、谐波均指的是某个频率的正弦和余弦。因为这里是幅度信息，所以不再包含相位信息，要知道相位信息，需考虑 REAL[]和 IMAG[]。

（3）Quartus II 中的 FFT IP 核

Quartus II 中的 FFT IP 核是一个高性能、高度参数化的快速傅里叶变换（FFT）处理器，其支持各种新型 FPGA 器件；该 FFTCore 功能是执行高性能的正向复数 FFT 或反向

的 FFT（IFFT），采用基 4 和混合基 2/4 频域抽取（DIF）的 FFT 算法；FFTCore 接收一个长度为 N 的，二进制补码格式、顺序输入的复数序列作为输入，输出顺序的复数数据序列，同时，一个指数因子被输出，表示块浮点的量化因子；FFTCore 的转换方向可以事先指定。下面详细介绍 FFT Core 的使用方法。

首先单击菜单中的 Tools→Mega Wizard 命令打开 IP 核向导。然后在 Mega Wizard 向导界面左侧窗口中执行 DSP→Transforms→FFT 命令，在界面的右侧可以选择相应的 FPGA 器件，生成核的 HDL 语言类型，以及文件的路径和名称。完成设置后单击 Next 按钮，进入 FFT 核的参数设置界面，如图 4.7.5 所示。

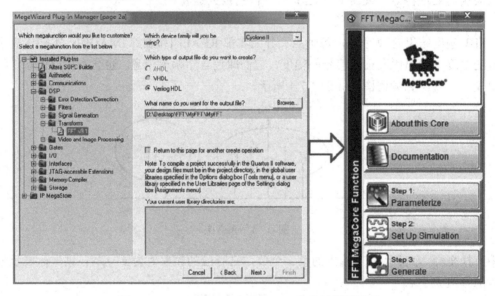

图 4.7.5 Mega Wizard 向导与 FFT 核参数设置界面

同其他 DSP 核的参数设置界面相似，FFT 核的参数设置总体分成 3 步：
① 规划具体核参数，选择核的硬件结构；
② 生成核的仿真模型；
③ 对设置好参数的 FFT 核进行硬件生成。

下面对 FFT 核的参数进行详细设置，并对各参数进行详细介绍。单击图 4.7.5 中的"Step1"按钮，进入参数详细设置界面，如图 4.7.6 所示。

在该界面的上方有 3 个按钮，分别用来设置 FFT 核的参数、架构、实现方式。

在界面的参数设置选项卡中可以设置 FFT 变换的长度、输入数据的位宽及旋转因子的精度，其中旋转因子的精度不能大于输入数据的位宽。

而 FFT 核的实现架构中可以设置 I/O 数据流的方式，FFTCore 支持 4 种 I/O 数据流结构：连续（streaming）、VariableStreaming、缓冲突发（BufferedBurst）、突发（Burst）。连续 I/O 数据流结构允许处理连续输入数据，输出连续复数数据流；缓冲突发 I/O 数据流结构与连续结构相比，需要更少的存储资源，但是减少了平均吞吐量。在这里选择连续结构，在该结构下数据持续不断地输入到 FFT 核中，计算完毕之后也会持续不断地向外部模块输出。

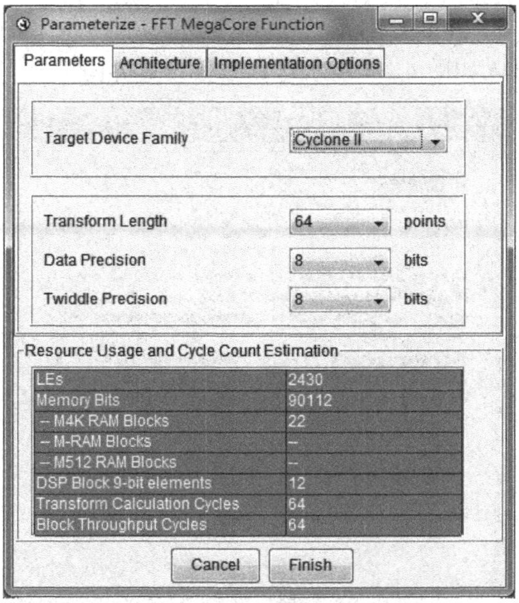

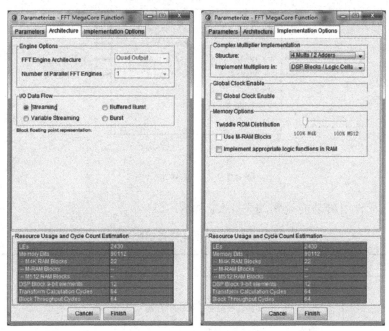

图 4.7.6　参数详细设置界面

FFTCore 可以设置两种不同的引擎结构：四输出（Quad-output FFTengine）和单输出（Single-output FFTengine）。对于要求转换时间尽量短的应用，四输出引擎结构是最佳的选择；对于要求资源尽量少的应用，单输出引擎结构比较合适。

在 FFT 核的实现选项中可以设置 FFT 的实现结构，选择 3 乘法器+5 加法器或 4 乘法器+2 加法器的方式。另外还可以指定用于实现 FFT 核的乘法器是用专用 DSP 资源实现还是 LE 实现。一般使用专用 DSP 资源实现乘法器以节省宝贵的逻辑资源。如图 4.7.7 所示。

图 4.7.7　FFT 实现架构和选项

设置完毕之后，单击"Finish"按钮完成 FFT 的参数设置，返回 FFT 参数设置主界面。单击"Step2"按钮，进入如图 4.7.8 所示仿真参数设置界面。

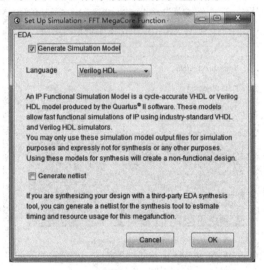

图 4.7.8　仿真参数设置界面

至此一个 FFT 的 IP 核就创建好了。可以在 Quartus II 中将 IP 核进行例化，例化之后的元件如图 4.7.9 所示。

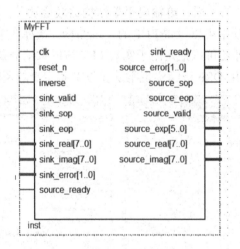

图 4.7.9　FFT 例化元件

FFT 例代元件引脚功能说明如表 4.7.1 所示。

表 4.7.1　FFT 例化元件引脚说明

信　号	方　向	描　述
clk	输入	时钟信号
reset_n	输入	同步复位信号，低电平有效
inverse	输入	FFT/IFFT 选择信号

信　号	方　向	描　述
sink_real	输入	输入实部数据
sink_imag	输入	输入虚部数据
sink_valid	输入	输入数据有效标志
sink_sop	输入	输入包起始标志
sink_eop	输入	输入包结束标志
source_ready	输入	如果下行模块能够接收数据，该引脚被下行模块拉高
sink_error	输入	错误提示：00：没有错误；01：丢失包首；10：丢失包尾；11：未知的包尾
source_real	输出	输出实部数据
source_imag	输出	输出虚部数据
source_sop	输入	输出包起始标志
source_eop	输入	输出包结束标志
sink_ready	输出	在当前时钟内若本模块可以接收数据，该引脚会被拉高
source_valid	输出	通知下行模块当前数据是有效的
source_error	输出	错误提示

FFT Core 在连续结构下的时序图如图 4.7.10 所示。

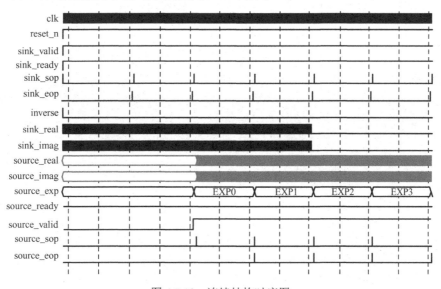

图 4.7.10　连续结构时序图

当数据正常输入时必须将 reset_n 拉高，同时 sink_valid 用于指示输入的数据是有效的，在每个时钟的上升沿 FFT Core 都锁存一个输入数据；而 sink_sop 和 sink_eop 的高电平期间指示了起始输入数据和结束输入数据，sink_sop 和 sink_eop 之间的时钟脉冲个数必须是 FFT Core 设定的点数，否则会出现错误，并在 source_error 中表现出来。图 4.7.11 和图 4.7.12 为 FFT Core 输入和输出时序图。

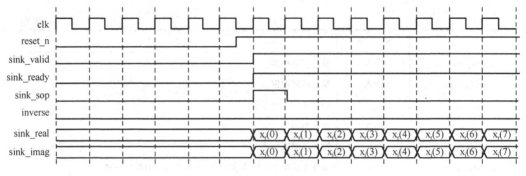

图 4.7.11　输入时序图

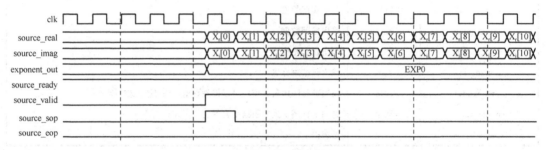

图 4.7.12　输出时序图

附录 A Verilog HDL 基本语法

Verilog HDL 是一种标准通用的硬件描述语言，语法类似于 C 语言，学习和掌握比较容易，因此它逐步成为目前应用最广泛的一种硬件描述语言。

1. Verilog HDL 程序的基本结构

Verilog HDL 程序由模块（module）组成，模块的基本结构如图 A.1 所示。一个完整的模块由模块端口定义和模块内容两部分组成，模块内容包括 I/O 声明、信号类型声明和功能描述。

图 A.1 模块基本结构

模块的设计遵循以下规则：

① 模块内容位于 module 和 endmodule 之间；每个模块都有一个名字，即模块名，如 full_addr，模块名中可以包含英文字母、数字和下划线，并以英文字母开头。

② 除 endmodule 外，所有的语句后面必须有分号";"。

③ 语句可以是单条语句，也可以是用 begin 和 end 两个保留字包围起来的由多条语句组成的复合语句。

④ 可以用"/*...*/"或"//"对程序的任何部分作注释，增加程序的可读性和可维护性。

（1）模块端口定义

模块端口定义用来声明设计模块的输入/输出端口，其格式如下：

module 模块名（端口 1，端口 2，端口 3，...）

模块的端口是设计电路模块与外部联系的全部输入/输出端口信号，是设计实体的对外引脚，是使用时外界可以看到的部分（不包括电源线和地线），多个端口之间用逗号","隔开。

（2）模块内容

模块内容用于对信号的 I/O 状态及信号类型进行声明，并描述模块的功能。

① I/O 声明

模块的 I/O 声明用来声明各端口信号流动方向，包括输入（input）、输出（output）和双向（inout）。I/O 声明格式如下：

A．输入声明如果信号位宽为 1，那么声明格式为

input 端口 1，端口 2，端口 3，...

如果信号位宽大于 1，那么声明格式为

input[msb:lsb]端口 1，端口 2，端口 3，...

其中，msb 和 lsb 分别表示信号最高位和最低位的编号。

B．输出声明如果信号位宽为 1，那么声明格式为

output 端口 1, 端口 2, 端口 3, …

如果信号位宽大于 1, 那么声明格式为

output[msb: lsb]端口 1, 端口 2, 端口 3, …

C. 双向声明如果信号位宽为 1, 那么声明格式为

inout 端口 1, 端口 2, 端口 3, …

如果信号位宽大于 1, 那么声明格式为

inout[msb: lsb]端口 1, 端口 2, 端口 3, …

② 信号类型声明

信号类型声明用来说明电路的功能描述中所用信号的数据类型，常用的数据类型有连线型（wire）、寄存器型（reg）、整型（integer）、实型（real）、时间型（time）等。

③ 功能描述

功能描述是 Verilog HDL 程序的主要部分，用来描述设计模块内部结构和模块端口间的逻辑关系，在电路上相当于器件的内部结构。功能描述可以用 assign 语句、实例化元件、always 块、initial 块等语句来实现。

A. 用 assign 语句实现

这种方式很简单，只要在 assign 后面加一个赋值语句即可。assign 语句一般适合对组合逻辑进行描述，称为连续赋值方式。例如，描述一个两输入的与门可写为

assign *a* = *b* & *c*

B. 用实例化元件实现

用实例化元件实现就是利用 Verilog HDL 提供的元件库来实现一个逻辑关系。例如，用实例化元件表示一个两输入的与门可以写为

andul(q, a, b)

其中，and 是 Verilog HDL 元件库中与门的元件名；ul 是实例化后的与门名称；q 是与门的输出；a、b 是与门的输入端。要求模块中每个实例化后的元件名称必须是唯一的。

C. 用 always 块实现

always 块语句可以实现各种逻辑，常用于组合和时序逻辑的功能描述。一个程序设计模块中可以包含一个或多个 always 块语句。程序运行中，在某些条件满足时，就重复执行 always 块中的语句。例如，表示一个带有异步清除端的 D 触发器可写为

```
always @ (posedgeclk or posedgeclr)
begin
    if(clr)   q <= 0;
    else    q <= d;
end
```

其中，posedgeclk 和 posedgeclr 分别表示模块执行的触发条件是 clk 或 clr 信号的上升沿，当任意一个上升沿到来时，程序块都被执行一次；程序中的 "<=" 不是小于等于，而是赋

值运算符的一种，在后面章节中将详细讲述。

D．用 initial 块实现

initial 块语句与 always 块语句类似，不过在程序中 initial 块语句只被执行一次，常用于电路的初始化。

2．Verilog HDL 的数据类型

Verilog HDL 中共有 19 种数据类型。数据类型是用来表示数字电路中的数据存储和传输元素的。下面将介绍最常用的几种数据类型。

（1）常量

在程序运行过程中，其值不能改变的量称为常量。在 Verilog HDL 中有下文介绍了四类常量：整型、实型、字符串型和参数常量。

① 整型常量

在 Verilog HDL 中，整型常量的表示格式为

<位宽>'<进制><数值>

位宽：位宽是对应的二进制宽度。当定义的位宽比常数实际的位宽大时，在常数的最左边自动填补 0，但如果常数的最左边一位是 x 或 z 时，就在最左边自动填补 x 或 z；当定义的位宽比常数实际的位宽小时，在最左边的相应位被截断。

进制：整型数有四种进制形式：

二进制（b 或 B）、十进制（d 或 D）、八进制（o 或 O）和十六进制（h 或 H）。

数值：二进制数值可以用下列四种基本的值来表示：

0：逻辑 0 或"假"。

1：逻辑 1 或"真"。

x：未知。

z：高阻。

这四种值的解释都内置于语言中，如一个为 0 的值是指逻辑 0，一个为 1 的值是指逻辑 1，一个为 z 的值是指高阻抗，一个为 x 的值是指逻辑不定值。x 值和 z 值都是不区分大小写的。

② 实型常量

实型数可以用十进制计数法和科学计数法两种格式表示。在表示小数时，小数点两边必须都有数字，否则为非法的表示形式。例如：

7.56   //十进制计数法

4.   //非法表示，小数点后应有数字

34.56e2   //科学计数法，其值为 3456（e 与 E 相同）

6E-2   //科学计数法，其值为 0.06

③ 字符串型常量

字符串是用双引号括起来的字符序列，它必须写在同一行，不能分行书写。字符串中的每个字符都是以其 ASCII 码进行存放的，一个字符串可以看作是 8 位的 ASCII 码值序列。例如，"hello!"。

④ 参数常量

在 Verilog HDL 中用 parameter 来定义常量，即用 parameter 定义一个标识符代表一个常量，称为参数常量或符号常量，这样可以增加程序的可读性和可维护性。参数常量定义格式如下：

Parameter 标识符 1=表达式 1, 标识符 2=表达式 2, …, 标识符 n=表达式 n;

（2）变量

在程序运行过程中，其值可以改变的量称为变量。在 Verilog HDL 中，变量的数据类型很多，这里只对常用的几种变量类型进行介绍。

① wire 型

wire 型是网络型数据之一，表示结构实体之间的物理连接。网络型的变量不仅不能储存值，而且必须受到驱动器的驱动。如果没有驱动器连接到网络型的变量上，那么其值为高阻值。网络型数据有很多种，但最常用的是 wire 型。wire 型变量常用来表示以 assign 语句生成的组合逻辑信号，输入/输出信号在默认情况下自动定义为 wire 型。wire 型信号可作为任何语句中的输入，也可作为 assign 语句和实例化元件的输出。wire 型变量的定义格式如下：

wire[msb:lsb]变量 1, 变量 2, …, 变量 n;

其中，wire 是定义符；[msb: lsb]中的 msb 和 lsb 分别表示 wire 型变量的最高位和最低位的编号，位宽由 msb 和 lsb 确定，如果不指定位宽，那么位宽自动默认为 1；定义多个变量时，变量之间用逗号隔开。

② reg 型

reg 型是寄存器型，是数据存储单元的抽象，其对应的是具有状态保持功能的电路元件，如触发器、锁存器等。reg 型变量只能在 always 块和 initial 块中被赋值，通过赋值语句改变 reg 型变量的值，若 reg 型变量未被初始化，则其值为未知值 X。reg 型变量与 wire 型变量的区别是：wire 型变量需要持续地驱动，而 reg 型变量保持最后一次的赋值。reg 型变量的定义格式如下：

reg[msb: lsb]变量 1, 变量 2, …, 变量 n;

其中，reg 是定义符；[msb：lsb]中的 msb 和 lsb 分别表示 reg 型变量的最高位和最低位的编号，位宽由 msb 和 lsb 确定，如果不指定位宽，则自动默认为 1。

③ memory 型

memory 型是存储器型，是通过建立 reg 型数组来描述的，可以描述 RAM 存储器、ROM 存储器和 reg 文件。memory 型变量的定义格式如下：

reg[msb:lsb]存储单元 1[n1: m1], 存储单元 2[n2: m2], …, 存储单元 i[ni: mi];

其中，[n1: m1], [n2: m2], …, [ni: mi]分别表示存储单元的编号范围。

④ integer 型

integer 型是 32 位带符号整型变量，用于对循环控制变量的说明，典型应用是高层次的行为建模，它与后面的 time 型和 real 型一样是不可综合的。也就是说，这些类型是纯数学的抽象描述，不与任何物理电路相对应。integer 型变量的定义格式如下：

integer 变量 1, 变量 2, …, 变量 *n*;

⑤ time 型

time 型用于存储和处理时间，是 64 位无符号数。time 型变量的定义格式如下：

time 变量 1, 变量 2, …, 变量 *n*;

⑥ real 型

real 型是 64 位带符号实型变量，用于存储和处理实型数据。real 型变量的定义格式如下：

real 变量 1, 变量 2, …, 变量 *n*

3. Verilog HDL 的运算符

Verilog HDL 的运算符范围很广。按功能划分为 9 类，分别是算术运算符、逻辑运算符、关系运算符、等值运算符、位运算符、缩减运算符、移位运算符、条件运算符和拼接运算符。按运算符所带操作数的个数划分为 3 类，分别是可带一个操作数的运算符，称为单目运算符；可带两个操作数的运算符，称为双目运算符；可带三个操作数的运算符，称为三目运算符。

① 算术运算符

算术运算符包括：

+（加法运算符或正值运算符，如 x+y，+8）

−（减法运算符或负值运算符，如 x−y，−90）

*（乘法运算符，如 x*y）

./（除法运算符，如 x/y）

%（取模运算符，如 x%y）

值得注意的是，两个整数相除时，结果为整数，例如 9/2=4；取模运算符要求两个操作数皆为整数，结果为两个数相除后的余数，如 9%2=1。

② 逻辑运算符

逻辑运算符包括：

&&（逻辑与）

||（逻辑或）

!（逻辑非）

逻辑运算符操作的结果为 0（假）或 1（真）。

③ 关系运算符

关系运算符包括：

<（小于）

<=（小于等于）

>（大于）

>=（大于等于）

关系运算符是用来确定指定的两个操作数之间的关系是否成立的，如果成立，结果为 1（真）；如果不成立，结果为 0（假）。

④ 等值运算符

等值运算符包括：

==（逻辑相等）

!=（逻辑不等）

===（全等）

!==（非全等）

"=="运算符称为逻辑相等运算符，而"==="称为全等运算符，两个运算符都是比较两个数是否相等的。如果两个操作数相等，那么运算结果为逻辑值 1；如果两个操作数不相等，那么运算结果为逻辑值 0。不同的是由于操作数中的某些位可能存在不定值 x 或高阻值 z，这时逻辑相等在进行比较时，结果为不定值 x，而全等运算符是按位进行比较的，对这些不定值或高阻值也进行比较，只要两个操作数完全一致，则结果为 1，否则结果为 0。

与"=="和"==="相同，"!="的运算结果可能为 1、0 或 x，而"!=="的运算结果只有两种状态，即 1 或 0。

⑤ 位运算符

位运算符包括：

&（与）

~&（与非）

|（或）

~|（或非）

^（异或）

^~（同或）

位运算符是对两个操作数按位进行逻辑运算的。当两个操作数的位数不同时，自动在位数较少的操作数的高位补 0。

⑥ 缩减运算符

缩减运算符包括：

&（与）

~&（与非）

|（或）

~|（或非）

^~（异或）

缩减运算符与逻辑运算符的法则一样，但缩减运算符是对单个操作数按位进行逻辑递推运算的，运算结果为 1 位二进制数。

⑦ 移位运算符

移位运算符包括：

<<（左移）

>>（右移）

左移和右移运算符是对操作数进行逻辑移位操作的，空位用 0 进行填补。移位运算符的格式为 a<<n 或 a>>n。其中，a 为操作数；n 为移位的次数。

⑧ 条件运算符

条件运算符是：

?:

条件运算符是唯一的一个三目运算符，即条件运算符需要三个操作数。条件运算符格式如下：条件?表达式 1：表达式 2。条件表达式的含义是：如果条件为真，则结果为表达式 1 的值；如果条件为假，则结果为表达式 2 的值。

⑨ 拼接运算符

拼接运算符是：

{ }

拼接运算符用来将两个或多个数据的某些位拼接起来。拼接运算符格式如下：

{数据 1 的某些位，数据 2 的某些位，…，数据 n 的某些位}

⑩ 运算符的优先级

在一个表达式中出现多种运算符时，其运算的优先级顺序如表 A.1 所示。

表 A.1　运算符的优先级顺序

运　算　符	优　先　级
+（正）　-（负）　!　~	
*　/　%	
+（加）　-（减）	高优先级
<<　>>	
<　<=　>=　>	
==　!=　===　!==	
&　~&	
^　^~　~^	
|　~|	低优先级
&&	
||	
?:	

4．Verilog HDL 的基本语句

语句是构成 Verilog HDL 程序不可缺少的部分。Verilog HDL 的语句包括赋值语句、条件语句、循环语句、结构声明语句和编译预处理语句。在这些语句中，有些语句是顺序执行语句，有些语句是并行执行语句。

（1）赋值语句

在 Verilog HDL 中，赋值语句有两种：连续赋值语句和过程赋值语句。

① 连续赋值语句

连续赋值语句用来驱动 wire 型变量，这一变量必须事先定义过。使用连续赋值语句时，只要输入端操作数的值发生变化，该语句就重新计算并刷新赋值结果。连续赋值语句

用来描述组合逻辑。连续赋值语句格式如下：assign#（延时量）wire 型变量名=赋值表达式。语句的含义是：只要右边赋值表达式中有变量发生变化，就重新计算表达式的值，新结果在指定的延时时间单位以后赋值给 wire 型变量。如果不指定延时量，则延时量默认为 0。

② 过程赋值语句

过程赋值语句是在 initial 或 always 语句内赋值的，它用于对 reg 型、memory 型、integer型、time 型和 real 型变量赋值，这些变量在下一次过程赋值之前保持原来的值。过程赋值语句分为两类，阻塞赋值和非阻塞赋值。

A．阻塞赋值

阻塞赋值的赋值符为"="，它在语句结束时完成赋值操作。阻塞赋值格式如下：

变量=赋值表达式

B．非阻塞赋值

非阻塞赋值的赋值符为"<="，它在语句结束时完成赋值操作。非阻塞赋值格式如下：

变量<=赋值表达式；

过程中使用阻塞赋值与非阻塞赋值的主要区别是：一条阻塞赋值语句执行时，下一条语句被阻塞，即只有当一条语句执行结束时，下条语句才能执行；非阻塞赋值语句中，各条语句是同时执行的。也可以理解为，阻塞赋值是串行执行的，非阻塞赋值是并行执行的。

（2）条件语句

① if…else 语句

if 语句是用来判断给定的条件是否满足的，根据判定的结果为真或假决定执行的操作。Verilog HDL 语言提供了三种形式的 if 语句。

A．if（表达式）语句例如：

　　If (x > y)　q = x;

B．if（表达式）语句 1else 语句 2 例如：

　　If (Reset)　Q = 0; else　Q = D;

C．if (表达式 1)　语句 1

　　elseif(表达式 2)　语句 2

　　elseif(表达式 3)　语句 3 …

　　elseif (表达式 m)　语句 m

　　else　语句 n

② case 语句

case 语句是一种多分支语句，if 语句每次只能有两个分支选择，而实际应用中常常需要多分支选择，Verilog HDL 语言中的 case 语句可以直接处理多分支选择。case 语句格式如下：

case(控制表达式)
　　　　分支项表达式 1:　语句 1;
　　　　分支项表达式 2:　语句 2;

```
    分支项表达式 m:   语句 m;
    default:   语句 n;
endcase
```

当控制表达式的值为分支项表达式 1 时，执行语句 1；为分支项表达式 2 时，执行语句 2；依此类推；若控制表达式的值与上面列出的值都不符，则执行 default 后面的语句 n。若前面已列出了控制表达式所有可能的取值，则 default 语句可以省略。

case 语句还有两种变体：casez 与 casex 语句。在 casez 语句中，如果分支项表达式某些位的值为高阻 z，那么对这些位的比较就不予考虑，因此只需关注其他位的比较结果。而在 casex 语句中，则把这种处理方式进一步扩展到对 x 的处理，即如果比较的双方有一方的某些位的值是 x 或 z，那么这些位的比较就都不予考虑。

（3）循环语句

Verilog HDL 中有四类循环语句：forever 循环语句、repeat 循环语句、while 循环语句和 for 循环语句。

① forever 循环语句

forever 循环语句用于连续执行过程，其格式如下：

```
forever   语句;
```

forever 循环语句常用于产生周期性的波形。它与 always 语句不同之处在于它不能独立写在程序中，而必须写在 initial 块中。

② repeat 循环语句

repeat 循环语句是用于执行指定循环次数的过程语句，其格式如下：

```
repeat(表达式)   语句;
```

repeat 循环语句中的表达式通常为常量表达式，表示循环的次数。如果循环表达式的值不确定，即为 x 或 z 时，循环次数按 0 处理。

③ while 循环语句

While 循环语句循环执行过程赋值语句，直到指定的条件为假，其格式如下：

```
while(条件)   语句;
```

执行 while 循环语句时，先对条件进行判断，如果条件为真，那么执行该语句；如果条件为假，那么退出循环；如果条件在开始时就为假，那么就不执行该语句；如果条件为 x 或 z，那么按 0（假）处理。

④ for 循环语句

for 循环语句按照指定的次数重复执行过程赋值语句若干次，其格式如下：

```
for(初值表达式; 条件; 循环变量增值)   语句;
```

for 循环语句的执行过程为：

A．计算初值表达式。

B．进行条件判断，若条件为真，继续第 C 步；若条件为假，则转到第 E 步。

C．执行过程语句，对循环变量进行增值。

D．转回第 B 步继续执行。

E．执行 for 循环下面的语句。

（4）结构声明语句

Verilog HDL 中任何过程模块都从属于四种结构说明语句：initial 说明语句、always 说明语句、task 说明语句和 function 说明语句。

① initial 说明语句

Initial 说明语句常用于对各变量的初始化。一个程序模块中可以有多个 initial 说明语句，所有 initial 说明语句在程序一开始时被同时执行，并且只执行一次。initial 说明语句格式如下：

initial　语句;

② always 说明语句

与 initial 说明语句一样，一个程序模块中可以有多个 always 说明语句，always 说明语句也是在程序一开始时立即被执行的，不同的是 always 说明语句不断地重复运行。但 always 说明语句后跟的语句是否执行要看其敏感事件列表是否满足，若有条件满足，则运行一次语句。always 说明语句格式如下：

always@(敏感事件列表)　语句;

always 说明语句后面是一个敏感事件列表，该敏感事件列表的作用是激活 always 说明语句执行的条件，敏感事件可以是电平触发，也可以是边沿触发。电平触发的 always 块常用于描述组合逻辑的行为，而边沿触发的 always 块常用于描述时序行为。always 说明语句后面的敏感事件可以是单个事件，也可以是多个事件，多个事件之间用“or”连接。在敏感事件列表中，如果敏感事件是电平信号，那么直接列出信号名；如果敏感事件是边沿信号，那么可分为上升沿和下降沿，上升沿触发的信号前加关键字 posedge，下降沿触发的信号前加关键字 negedge。

（5）编译预处理语句

Verilog HDL 语言提供了编译预处理的功能，以“`”（反引号）开始的某些标识符就是编译预处理指令。在 Verilog HDL 语言编译时，这些指令在整个编译过程中有效，直到遇到其他不同的编译程序指令。

① 宏定义（`define 和 `undef）

`define 指令是用一个标识符代替一个字符串，其定义格式如下：

define 宏名字符串

对于宏的定义应注意以下几点：

A．宏名可以用小写字母，也可以用大写字母，为了与变量名区别，建议使用大写字母。

B．宏定义语句后不跟分号，如果加了分号，则连同分号一起进行置换。

C．宏定义语句可以在模块内，也可以在模块外。

D．在引用宏时，必须在宏名前加符号“\”。

宏定义将在整个文件内起作用，若要取消宏前面定义的宏，则用 `undef 指令。

② 文件包含（`include）

include 语句用来实现文件的包含操作，它可以将一个源文件包含到本文件中。其语句格式为：

`include 文件名

③ 时间尺度（`timescale）

在 Verilog HDL 模型中，所有时延都用单位时间表述。使用`timescale 预编译指令将时间单位与实际时间相关联。该指令用于定义时间单位和时间精度。`timescale 预编译指令格式为：

`timescale 时间单位/时间精度

其中，时间单位用来定义模块中仿真时间的基准单位，时间精度用来声明模块仿真时间的精确程度，该参数用于对时间值进行取整操作。时间单位和时间精度由值 1、10 和 100 及单位 s、ms、us、ns、ps 和 fs 组成。

④ 条件编译（`ifdef、`else、`endif）

一般情况下，源程序中的所有语句行都参加编译。但是有时希望其中一部分语句只在条件满足时才进行编译，条件不满足时不编译这些语句，或者编译另外一组语句，这就是条件编译。条件编译语句格式如下：

```
`ifdef   COMPUTER-PC
     parameter   WORD_SIZE=16;
`else
     parameter   WORD_SIZE=32;
`endif
```

在编译过程中，如果已定义了名字为 COMPUTER-PC 的文本宏，就选择第一种参数声明，否则选择第二种参数说明。条件编译中，else 语句是可选的。

附录 B 元器件引脚图与逻辑功能表

74LS00 四 2 输入与非门

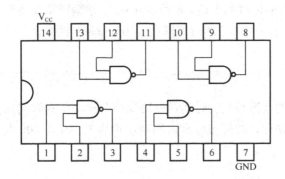

$$Y = \overline{AB}$$

输 入		输 出
A	B	Y
L	L	H
L	H	L
H	L	L
H	H	H

H = High Logic Level

L = Low Logic Level

74LS01 四 2 输入与非门（OC）

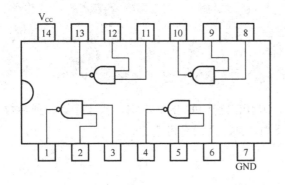

$$Y = \overline{AB}$$

输 入		输 出
A	B	Y
L	L	H
L	H	L
H	L	L
H	H	H

H = High Logic Level

L = Low Logic Level

74LS04 六反相器

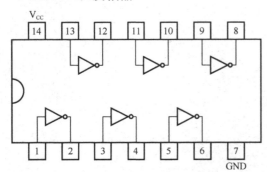

$$Y = \overline{A}$$

输 入	输 出
A	Y
L	H
H	L

74LS20 双 4 输入与非门

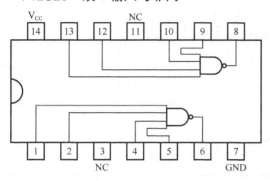

$$Y = \overline{ABCD}$$

输 入				输 出
A	B	C	D	Y
X	X	X	L	H
X	X	L	X	H
X	L	X	X	H
L	X	X	X	H
H	H	H	H	L

74LS73 双 JK 触发器

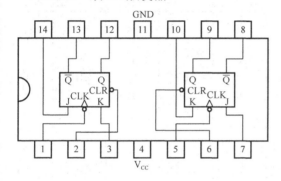

输 入				输 出	
CLR	CLK	J	K	Q	$\overline{Q}$
L	X	X	X	L	H
H	↓	L	L	Q_0	$\overline{Q}_0$
H	↓	H	L	H	L
H	↓	L	H	L	H
H	↓	H	H	Toggle	
H	H	X	X	Q_0	$\overline{Q}_0$

74LS74 双上升沿 D 触发器

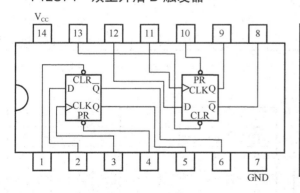

输 入				输 出	
PR	CLR	CLK	D	Q	$\overline{Q}$
L	H	X	X	H	L
H	L	X	X	L	H
L	L	X	X	H*	H*
H	H	↑	H	H	L
H	H	↑	L	L	H
H	H	L	X	Q_0	$\overline{Q}_0$

74LS83 四位并行加法器

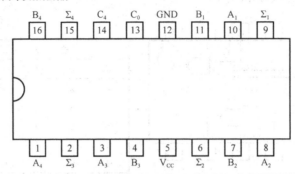

A₁ / A₃	B₁ / B₃	A₂ / A₄	B₂ / B₄	Σ₁ / Σ₃	Σ₂ / Σ₄	C₂ / C₄	Σ₁ / Σ₃	Σ₂ / Σ₄	C₂ / C₄
(输入)				C₀=L, C₂=L (输出)			C₀=H, C₂=H (输出)		
L	L	L	L	L	L	L	H	L	L
H	L	L	L	H	L	L	L	H	L
L	H	L	L	H	L	L	L	H	L
H	H	L	L	L	H	L	H	L	L
L	L	H	L	L	H	L	H	L	L
H	L	H	L	H	H	L	L	L	H
L	H	H	L	H	H	L	L	L	H
H	H	H	L	L	L	H	H	L	H
L	L	L	H	L	H	L	H	L	L
H	L	L	H	H	H	L	L	L	H
L	H	L	H	H	H	L	L	L	H
H	H	L	H	L	L	H	H	L	H
L	L	H	H	L	L	H	H	L	H
H	L	H	H	H	L	H	L	H	H
L	H	H	H	H	L	H	L	H	H
H	H	H	H	L	H	H	H	H	H

74LS90 二-五-十进制计数器

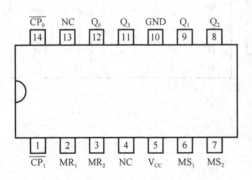

输入				输出			
MR₁	MR₂	MS₁	MS₂	Q₀	Q₁	Q₂	Q₃
H	H	L	X	L	L	L	L
H	H	X	L	L	L	L	L
X	X	H	H	H	L	L	H
L	X	L	X	Count			
X	L	X	L	Count			
L	X	X	L	Count			
X	L	L	X	Count			

74LS125A 四2输入与非门（三态）

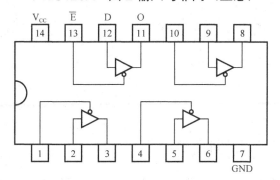

输　　入		输　出
$\overline{E}$	D	
L	L	L
L	H	H
H	X	Z

74LS138 3线-8线译码器

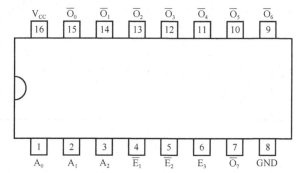

输　　入						输　　出							
$\overline{E}_1$	$\overline{E}_2$	E_3	A_0	A_1	A_2	$\overline{O}_0$	$\overline{O}_1$	$\overline{O}_2$	$\overline{O}_3$	$\overline{O}_4$	$\overline{O}_5$	$\overline{O}_6$	$\overline{O}_7$
H	X	X	X	X	X	H	H	H	H	H	H	H	H
X	H	X	X	X	X	H	H	H	H	H	H	H	H
X	X	L	X	X	X	H	H	H	H	H	H	H	H
L	L	H	L	L	L	L	H	H	H	H	H	H	H
L	L	H	H	L	L	H	L	H	H	H	H	H	H
L	L	H	L	H	L	H	H	L	H	H	H	H	H
L	L	H	H	H	L	H	H	H	L	H	H	H	H
L	L	H	L	L	H	H	H	H	H	L	H	H	H
L	L	H	H	L	H	H	H	H	H	H	L	H	H
L	L	H	L	H	H	H	H	H	H	H	H	L	H
L	L	H	H	H	H	H	H	H	H	H	H	H	L

74LS153　双 4 选 1 数据选择器

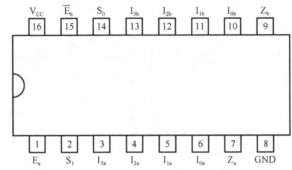

输 入 选 择		输 入 (a or b)					输 出
S_0	S_1	$\bar{E}$	I_0	I_1	I_2	I_3	Z
X	X	H	X	X	X	X	L
L	L	L	L	X	X	X	L
L	L	L	H	X	X	X	H
H	L	L	X	L	X	X	L
H	L	L	X	H	X	X	H
L	H	L	X	X	L	X	L
L	H	L	X	X	H	X	H
H	H	L	X	X	X	L	L
H	H	L	X	X	X	H	H

74LS160A　十进制同步计数器

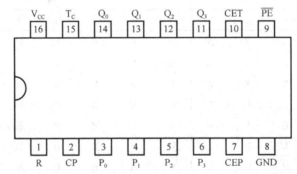

*SR	PE	CET	CEP	时钟上升沿动作(↑)
L	X	X	X	RESET(Clear)
H	L	X	X	LOAD(Pn→Qn)
H	H	H	H	COUNT(Increment)
H	H	L	X	NO CHANGE(Hold)
H	H	X	L	NO CHANGE(Hold)

74LS194 4 位双向移位寄存器

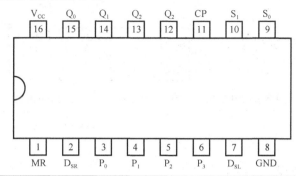

工作方式	输入						输出			
	MR	S_1	S_0	D_{SR}	D_{SL}	P_n	Q_0	Q_1	Q_2	Q_3
Reset	L	X	X	X	X	X	L	L	L	L
Hold	H	1	1	X	X	X	Q_0	Q_1	Q_2	Q_3
Shift Left	H	H	1	X	1	X	Q_1	Q_2	Q_3	L
	H	H	1	X	H	X	Q_1	Q_2	Q_3	H
Shift Right	H	1	H	1	X	X	L	Q_0	Q_1	Q_2
	H	1	H	H	X	X	H	Q_0	Q_1	Q_2
Parallel Load	H	H	H	X	X	P_n	P_0	P_1	P_2	P_3

CD4060 14 位二进制计数及振荡器

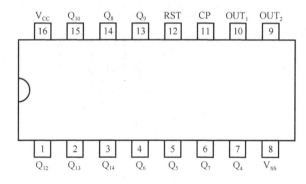

CP	RST	输出
↑	L	No Change
↓	L	Advanced to next state
X	H	All outputs are low

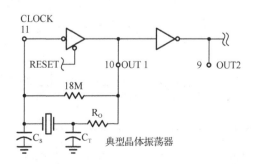

典型晶体振荡器

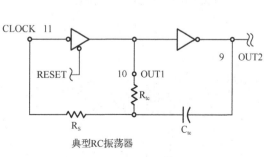

典型RC振荡器

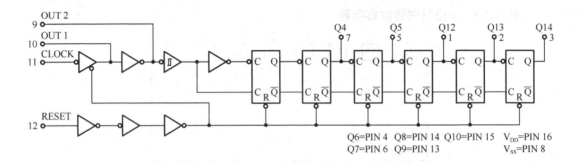

Q6=PIN 4   Q8=PIN 14   Q10=PIN 15 V_{DD}=PIN 16
Q7=PIN 6   Q9=PIN 13 V_{SS}=PIN 8

CD4093　集成施密特与非门

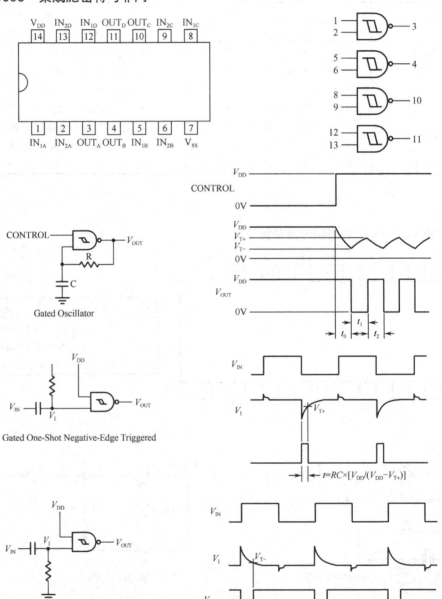

Gated Oscillator

Gated One-Shot Negative-Edge Triggered

$t=RC\times[V_{DD}/(V_{DD}-V_{T+})]$

Gated One-Shot Positive-Edge Triggered

$t=RC\times(V_{DD}/V_{T-})$

RAM 2114A 静态随机存储器

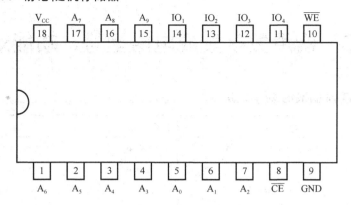

附录 C　常用数字集成电路型号、功能对照表

一、4000 系列 CMOS 数字电路

型　号	功　能	型　号	功　能
CD4000	双 3 输入或非门加反向器	CD4049	六反向缓冲变相器
CD4001	四 2 输入或非门	CD4050	六同向缓冲变相器
CD4002	双 4 输入或非门	CD4051	8 选 1 模拟开关
CD4007	双互补对，加反向器	CD4052	双 4 选 1 模拟开关
CD4007	双互补对，加反向器	CD4053	三 2 选 1 模拟开关
CD4008	4 位超前进位全加器	CD4054	液晶显示驱动器
CD4012	双 4 输入与非门	CD4055	液晶显示驱动器
CD4013	双 D 触发器（上升沿触发）	CD4056	液晶显示驱动器
CD4014	8 级静态移位寄存器	CD4060	14 级二进制串行计数器
CD4015	双 4 级静态移位寄存器（串入并出）	CD4066	四双向开关
CD4016	四组双向开关	CD4066	四双向开关
CD4017	有十个译码输出端的十进制计数器	CD4067	16 选 1 模拟开关
CD4018	可预置 1/N 计数器	CD4068	8 输入与非/与门
CD4019	四 2 选 1 数据选择器	CD4069	六反向器
CD4020	14 级串行进位二进制计数器/分频器	CD4070	四 2 输入异或门
CD4021	8 级静态移位寄存器	CD4070	四 2 输入异或门
CD4022	有八个译码输出端的八进制计数器	CD4071	四 2 输入或门
CD4023	7 级串行进位二进制计数器/分频器	CD4072	双 4 输入或门
CD4024	7 级串行进位二进制计数器/分频器	CD4075	三 3 输入或门
CD4025	三 3 输入与非门	CD4076	四 D 寄存器
CD4027	双 JK 主触发器（异步并入或同步串入）	CD4076	四 D 寄存器
CD4028	BCD-十进制译码器	CD4077	四 2 输入异或非门
CD4029	可预置可逆计数器（二进制或十进制）	CD4078	8 输入或非/或门
CD4032	3 串行加发器（正逻辑）	CD4081	四 2 输入与门
CD4034	8 位总线寄存器	CD4082	双 4 输入与门
CD4035	4 级移位寄存器	CD4085	双 2 输入与或非门
CD4038	3 串行加发器（负逻辑）	CD4086	4 路 2-2-2-2 输入与或非门（可扩展）
CD4040	12 级串行进位二进制计数器/分频器	CD4089	4 位二进制比例乘法器
CD4042	四 D 锁存器	CD4093	四 2 输入与非门（施密特触发器）
CD4043	四 R/S 锁存器	CD4097	双 8 选 1 模拟开关
CD4044	四 R/S 锁存器	CD4098	双单稳
CD4048	8 输入多功能门	MC14099	8 位可寻址锁存器

型 号	功 能	型 号	功 能
CD40105	先入先出寄存器（FIFO）	CD4514	4 位锁存/4-16 线译码器（H）
CD40106	六反向器（施密特触发器）	CD4515	4 位锁存/4-16 线译码器（L）
CD40147	10 线-4 线优先编码器	CD4516	4 位二进制同步可逆计数器
CD40160	十进制同步计数器（异步清除）	MC14517	双 64 位静态移位寄存器
CD40161	4 位二进制同步计数器（异步清除）	CD4518	双 BCD 同步加法计数器
CD40162	十进制同步计数器（异步清除）	CD4520	双 4 位二进制同步加法计数器
CD40163	4 位二进制同步计数器（异步清除）	MC14522	BCD1/N 4 位计数器
CD40174	六 D 触发器	MC14526	二进制 1/N 4 位计数器
CD40181	4 位算术逻辑单元/函数发生器	CD4527	BCD 比例乘法器
CD40182	超前进位发生器	MC14528	双单稳多谐振荡器
CD40194	4 位移位寄存器	CD4532	8 位优先编码
CD40208	4X4 多端口寄存器	MC14536	精密双单稳
CD4502	六反向器缓冲器（三态有选通端）	MC14538	精密双单稳
MC14503	六同相三态缓冲器	MC14543	BCD-7 段锁存译码器/驱动器
MC14504	六电平转换器	MC14547	BCD-7 段译码器/驱动器
CD4510	4 位十进制同步可逆计数器	CD4555	双 4 选 1 译码器（H）
CD4511	4 线-7 段锁存译码器/驱动器	CD4556	双 4 选 1 译码器（H）
CD4512	8 通道数据选择器		

二、74 系列 TTL 数字电路

型 号	功 能	型 号	功 能
7400	2 输入端四与非门	7415	开路输出 3 输入端三与门
7401	集电极开路 2 输入端四与非门	7416	开路输出六反相缓冲/驱动器
7402	2 输入端四或非门	7417	开路输出六同相缓冲/驱动器
7403	集电极开路 2 输入端四与非门	7420	4 输入端双与非门
7404	六反相器	7421	4 输入端双与门
7405	集电极开路六反相器	7422	开路输出 4 输入端双与非门
7406	集电极开路六反相高压驱动器	7428	2 输入端四或非门缓冲器
7407	集电极开路六正相高压驱动器	7430	8 输入端与非门
7408	2 输入端四与门	7432	2 输入端四或门
7409	集电极开路 2 输入端四与门	7433	开路输出 2 输入端四或非缓冲器
7410	3 输入端三与非门	7445	BCD-十进制代码转换/驱动器
7411	3 输入端三与门	7446	BCD-7 段低有效译码/驱动器
7412	开路输出 3 输入端三与非门	7447	BCD-7 段高有效译码/驱动器
7413	4 输入端双与非施密特触发器	7448	BCD-7 段译码器/内部上拉输出驱动
7414	六反相施密特触发器	7450	2-3/2-2 输入端双与或非门

型 号	功 能	型 号	功 能
7451	2-3/2-2 输入端双与或非门	74162	可预置 BCD 同步清除计数器
7454	四路输入与或非门	74163	可预制 4 位二进制同步清除计数器
7455	4 输入端二路输入与或非门	74164	8 位串行入/并行输出移位寄存器
7473	带清除负触发双 JK 触发器	74165	8 位并行入/串行输出移位寄存器
7474	带置位复位正触发双 D 触发器	74166	8 位并入/串出移位寄存器
7476	带预置清除双 JK 触发器	74169	二进制 4 位加/减同步计数器
7483	4 位二进制快速进位全加器	74170	开集输出 4×4 寄存器堆
7485	4 位数字比较器	74173	三态输出 4 位 D 型寄存器
7486	2 输入端四异或门	74174	带公共时钟和复位六 D 触发器
7490	可二/五分频十进制计数器	74175	带公共时钟和复位四 D 触发器
7493	可二/八分频二进制计数器	74180	9 位奇数/偶数发生器/校验器
7495	4 位并行输入\输出移位寄存器	74181	算术逻辑单元/函数发生器
7497	6 位同步二进制乘法器	74191	二进制同步可逆计数器
74107	带清除主从双 JK 触发器	74192	可预置 BCD 双时钟可逆计数器
74109	带预置清除正触发双 JK 触发器	74193	可预置 4 位二进制双时钟可逆计数器
74112	带预置清除负触发双 JK 触发器	74194	4 位双向通用移位寄存器
74121	单稳态多谐振荡器	74195	4 位并行通道移位寄存器
74122	可再触发单稳态多谐振荡器	74196	十进制/二-十进制可预置计数锁存器
74123	双可再触发单稳态多谐振荡器	74197	二进制可预置锁存器/计数器
74125	三态输出高有效四总线缓冲门	74221	双/单稳态多谐振荡器
74126	三态输出低有效四总线缓冲门	74240	八反相三态缓冲器/线驱动器
74132	2 输入端四与非施密特触发器	74241	八同相三态缓冲器/线驱动器
74133	13 输入端与非门	74243	四同相三态总线收发器
74136	四异或门	74244	八同相三态缓冲器/线驱动器
74138	3 线-8 线译码器/复工器	74247	BCD-7 段 15V 输出译码/驱动器
74139	双 2 线-4 线译码器/复工器	74248	BCD-7 段译码/升压输出驱动器
74145	BCD—十进制译码/驱动器	74249	BCD-7 段译码/开路输出驱动器
74150	16 选 1 数据选择/多路开关	74251	三态输出 8 选 1 数据选择器/复工器
74151	8 选 1 数据选择器	74253	三态输出双 4 选 1 数据选择器/复工器
74153	双 4 选 1 数据选择器	74256	双 4 位可寻址锁存器
74154	4 线-16 线译码器	74257	三态原码四 2 选 1 数据选择器/复工器
74155	图腾柱输出译码器/分配器	74258	三态反码四 2 选 1 数据选择器/复工器
74156	开路输出译码器/分配器	74279	四图腾柱输出 SR 锁存器
74157	同相输出四 2 选 1 数据选择器	74283	4 位二进制全加器
74158	反相输出四 2 选 1 数据选择器	74290	二/五分频十进制计数器
74160	可预置 BCD 异步清除计数器	74293	二/八分频 4 位二进制计数器
74161	可预制 4 位二进制异步清除计数器	74295	4 位双向通用移位寄存器

型　号	功　能	型　号	功　能
74298	四 2 输入多路带存贮开关	74467	三态同相 2 使能端八总线缓冲器
74299	三态输出 8 位通用移位寄存器	74468	三态反相 2 使能端八总线缓冲器
74322	带符号扩展端 8 位移位寄存器	74469	8 位双向计数器
74323	三态输出 8 位双向移位/存贮寄存器	74490	双十进制计数器
74347	BCD-7 段译码器/驱动器	74491	10 位计数器
74352	双 4 选 1 数据选择器/复工器	74498	八进制移位寄存器
74353	三态输出双 4 选 1 数据选择器/复工器	74502	8 位逐次逼近寄存器
74365	门使能输入三态输出六同相线驱动器	74503	8 位逐次逼近寄存器
74366	门使能输入三态输出六反相线驱动器	74533	三态反相八 D 锁存器
74447	BCD-7 段译码器/驱动器	74534	三态反相八 D 锁存器
74450	16:1 多路转接复用器多工器	74540	8 位三态反相输出总线缓冲器
74451	双 8:1 多路转接复用器多工器	74563	8 位三态反相输出触发器
74453	四 4:1 多路转接复用器多工器	74564	8 位三态反相输出 D 触发器
74460	10 位比较器	74573	8 位三态输出触发器
74461	八进制计数器	74574	8 位三态输出 D 触发器
74465	三态同相 2 与使能端八总线缓冲器	74645	三态输出八同相总线传送接收器
74466	三态反相 2 与使能端八总线缓冲器	74670	三态输出 4×4 寄存器堆

参 考 文 献

[1] Thomas L Floyd. Digital Fundamentals [M]. 10th ed. NewYork: Pearson Prentice Hall, 2008.

[2] 阎石. 数字电子技术基础[M]. 5 版. 北京：高等教育出版社，2006.

[3] 侯建军，佟毅，刘颖等. 电子技术基础实验、综合设计实验与课程设计[M]. 北京：高等教育出版社，2007.

[4] 董平，姜燕钢，付平等. 电子技术实验[M]. 北京：电子工业出版社，2003.

[5] 刘蕴络，韩守梅. 电工电子技术实验教程[M]. 3 版. 北京：兵器工业出版社，2015.

[6] 潘明，潘松. 数字电子技术基础[M]. 北京：科学出版社，2008.

[7] 康华光，秦臻，张林. 电子技术基础数字部分[M]. 5 版. 北京：高等教育出版社，2006.

[8] 胡仁杰，韩力. 电工电子创新实验[M]. 北京：高等教育出版社，2010.

[9] 白中英，方维，余文. 数字逻辑与数字系统[M]. 4 版. 北京：科学出版社，2007.

[10] 侯伯亨，徐军国，刘高平. 现代数字系统设计[M]. 西安：西安电子科技大学出版社，2004.

[11] 张亚君，陈龙. 数字电路与逻辑设计实验教程[M]. 北京：机械工业出版社，2008.

[12] 贾秀美，张文爱，武培雄. 数字电路硬件设计实践[M]. 北京：高等教育出版社，2008.

[13] 陈虎，梁松海. 数字系统设计课程设计[M]. 北京：机械工业出版社，2007.

[14] 侯传教，刘霞，杨智敏. 数字逻辑电路实验[M]. 北京：电子工业出版社，2009.